LA
CHYMIE
CHARITABLE
ET FACILE,

En faveur des Dames.

Par Damoiselle M. M.

SECONDE EDITION.

A PARIS,

Chez JEAN D'HOÜRY, à l'Image
S. Jean, fur le Quay des Auguftins.

M. DC. LXXIV.
Avec Privilege & Approbation.

A MADAME
LA COMTESSE
DE GVICHE.

MADAME,

Aussi-tost que je me suis re-
soluë à laisser sortir ce Livre de
mes mains, j'ay esté inspirée de
vous en faire un sacrifice. Mon
cœur tout transporté, sans faire
reflexion sur la grandeur de vo-

EPISTRE.

ſtre merite, & ſur les défauts de mon Ouvrage, y a conſenti avec ioye : la raiſon m'a voulu faire connoiſtre ma temerité ; elle m'a fait un Portrait de vos perfe-Ėtions ſi éclatant, que ie n'ay pû conſiderer voſtre illuſtre Naiſſance, voſtre grande Vertu, & voſtre rare Beauté, qu'avec un reſpect meſlé de crainte & de veneration. Elle m'a repreſenté les ſervices que vos Anceſtres ont rendu à la France, la conduite du Conneſtable de Leſdiguieres, & la ſage adminiſtration du Duc de Sully, que le plus grand de tous les Monarques ne ſe contenta pas de gratifier de la charge de Premier Miniſtre, & de celle

EPISTRE.

de Grand Maiſtre de l'Artille-
rie, mais voulut encore honorer de
ſon alliance par le mariage de
Mademoiſelle de Courtenay. Elle
m'a fait voir que Vous eſtes petite-
Fille d'un Chancelier le plus ac-
comply qui ait iamais poſſedé cette charge ; fille d'un Duc &
Pair, belle-fille d'un Mareſchal
de France, & femme d'un des
plus vaillans Capitaines de l'V-
nivers. Toutes ces conſiderations
MADAME, m'euſſent obligé de
garder le ſilence, ſans une puiſſance ſuperieure, qui m'a donné
l'aſſeurance que la Grandeur eſtoit
genereuſe, la Nobleſſe obligeante,
la Beauté douce & affable ; &
que voſtre Bonté conſidereroit

EPISTRE.

plutoſt mon intention reſpectueuſe que ma preſomption. Appuyée ſur ces fondemens ie prens la liberté, MADAME, de vous preſenter ce petit fruict de mes veilles : il s'intereſſe à la conſervation de voſtre ſanté, puis qu'il vous donnera quantité de remedes pour y contribuer. S'il a l'honneur de vous plaire, ie vous puis aſſeurer qu'il eſt veritable et fidelle ; et que ma plus grande paſſion eſt de vous témoigner avec quelle ſoumiſſion ie ſuis,

MADAME,

Voſtre tres-humble, & tres-obeïſſante Servante, MARIE MEVRDRAC.

A
MADEMOISELLE MEVRDRAC,

Sur son Livre de Chymie, dedié à
Madame la Comtesse de
Guiche.

SONNET.

I'Admire ta doctrine, & ton fameux Ouvrage
Doit estre des Sçavans l'entretien precieux:
Tout brille dans ce Livre, & la premiere page
Montre un objet qui charme & les cœurs, & les
     yeux.

Il sçait joindre aux beautez la qualité de sage;
Il donne de l'amour mesme aux plus envieux;
Et les plus beaux Esprits par un commun suffrage,
Disent qu'en ce modelle on voit l'effort des Cieux.

C'est de ton choix illustre une marque bien juste
D'avoir pour Protectrice une Personne auguste,
Que la Terre & le Ciel contemplent à plaisir.

Des sublimes vertus Minerve estant amié,
Sans doute elle t'apprit l'art de si bien choisir;
Car ce secret n'est point de ceux de la Chymie.

DV PELLETIER.

ã iiij

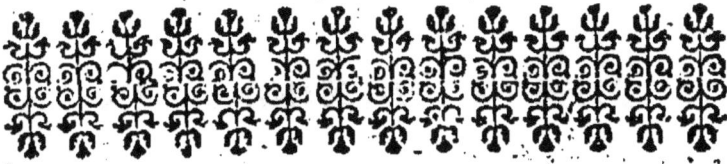

A

MADEMOISELLE MEVRDRAC,

Sur la dedicace de son Livre.

SIXAIN.

QVand vous auriez par vos Oeuvres
Obtenu tous les avantages
Qui sont justemèt deus aux fruits de vostre esprit,
Vous n'auriez jamais eu de si haute loüange
Que lórs que vous avez consacré cet escrit
A celle à qui l'on voit les qualitez d'un Ange.

ANGELIQVE SALERNE.

A
MADEMOISELLE MEVRDRAC,
Sur sa Chymie Charitable
& facile.

SONNET.

CEssez, peuples, cessez d'élever des Autels
A ceux qui vous avoient donné quelque pein-
    ture
Des secrets qu'en son sein renfermoit la Nature,
Et ne les mettez plus au rang des Immortels.

Non, non, c'estoit à tort qu'on les tenoit pour tels,
Puis qu'ils nous ont voilé d'une nuict tres-obscure
Ce que Dieu avoit mis dans chaque creature,
Pour l'usage commun du reste des mortels.

Nous te deuons MEVRDRAC bien plutost les
    hommages
Qu'autrefois ont rendu les Anciens à leurs Sages,
Ils nous cachoient leur art d'un soin trop affecté

Et toy tu nous fais voir qu'il n'est plus difficile,
Et par un esprit plein de generosité
Enfin tu nous le rends charitable & facile.

P. D. L.

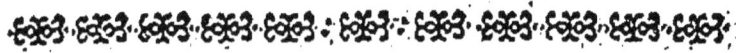

PROSOPOPE'E D'APOLLON,

Sur l'Ouvrage de Mademoiselle MEVRDRAC.

SONNET.

LA Medecine vient de mon invention,
Et je suis, apres Dieu, l'Operateur du monde:
Ma puissance n'a point nulle part de seconde,
Et toute chose naist de ma seule action.

Les herbes & les fruicts sont ma production;
Les animaux dans l'air, sur la terre, & dãs l'onde:
Ie fais les mineraux par ma vertu feconde,
Et le Roy des metaux en sa perfection.

I'ay parmy les Mortels pour Compagnes deux
    femmes,
Dont l'illustre de GVICHE en dérobant mes
    flâmes,
Esclatte dans la Cour comme un autre Soleil :

Et la docte MEVRDRAC dans son genre d'écrire,
En imitant mon Art partage mon Empire:
Et pas un de nous trois ne trouve son pareil.

I. D. S. N.

A
MADEMOISELLE MEVRDRAC,
Sur son Livre de Chymie.

SONNET.

CEnt fois j'ay celebré les plus sublimes faits
Des insignes Heros que l'Histoire nous vante:
Mais quand il faut parler d'une illustre Sçavante,
Ou je parle en tremblant, MEVRDRAC, ou je me
tais.

Ton livre nous fait voir de merveilleux effets,
Qui des plus envieux ont surpassé l'attente;
Ou soit que ton esprit imite, ou qu'il invente,
Le curieux y voit la fin de ses souhaits.

Que nos Neveux un jour te donneront de gloires;
Et pour dire le vray l'on aura peine à croire
Qu'une femme jamais ait eu tant de sçavoir.

Des secrets que ton Livre explique en chaque
page,
Pour ne te rien cacher, je ne voudrois avoir
Que celuy de loüer dignement ton Ouvrage.

DV PELLETIER,

ã vj

SONNET.

Dites-nous quel Esprit, ou quelle Deïté,
Inspire le sçavoir qu'on voit en voſtre Ou-
vrage,
Et qui vous a donné ce bel art en partage
De prolonger les jours, & rendre la santé ?

Vous sçavez, dites-vous, conserver la beauté,
Et des défauts du tein reparer le dommage ;
Mais du Sexe galand je vous promets l'hommage,
Si vous avez trouvé ce secret souhaité.

Non qu'il espere avoir cette delicateſſe
Qu'on voit briller au tein de l'aimable Comteſſe
A qui vous dediez cet Ouvrage parfait.

La plus vaine de nous se souhaite moins belle,
Et vos plus beaux secrets auront aſſez d'effet
S'ils font suivre de loin cet illuſtre Modelle.

M.ᵉˡˡᵉ D. I.

TABLE
DES CHAPITRES.

Table des Chapitres.

Table des Chapitres.

SECONDE PARTIE.

Table des Chapitres.

Table des Chapitres.

Table des Chapitres.

Table des Chapitres.

TROISIESME PARTIE.

Table des Chapitres.

QVATRIESME PARTIE.

Table des Chapitres.

CINQVIESME PARTIE.

Table des Chapitres.

Table des Chapitres.

Table des Chapitres.

Table des Chapitres.

SIXIESME PARTIE.

Table des Chapitres.

Table des Chapitres.

Table des Chapitres.

Table des Chapitres.

é iij

Table des Chapitres.

Extrait du Privilege du Roy.

PAr grace & Privilege du Roy, il eſt permis à Damoiſelle MARIE MEURDRAC de faire imprimer un Livre qu'elle a compoſé, intitulé *La Chymie Charitable & facile*, &c. pendant l'eſpace de dix années : avec defenſes à tous autres d'en imprimer, vendre ou debiter pendant ledit temps, ſans le conſentement de ladite Expoſante ou de ceux qui auront droit d'elle, ſous les peines portées plus amplement par ledit Privilege. Donné à Paris le 20. Decembre 1665. Signé, DE QUIGY.

Et ladite Damoiſelle Marie Meurdrac a cedé & tranſporté ſon droit de Privilege pour le temps & aux clauſes qu'il contient, à Jean d'Hoüry, Marchand Libraire, ſuivant l'accord fait entr'eux.

Regiſtré ſur le Livre de la Communauté le 5. Ianvier 1666. Signé, P I G E T.

Approbation des Docteurs en Medecine.

NOus ſouſſignez Docteurs Regens en la Faculté de Medecine à Paris, certifions avoir veu & leu un Livre intitulé *La Chymie Charitable & facile* : Compoſé par Damoiſelle MARIE MEUDRAC dans lequel nous ne trouvons rien qui ne puiſſe eſtre utile au Public. En foy dequoy nous avons ſouſcrit. Fait ce 10. Decembre 1665.

Signez, LE VIGNON Doyen.
DE CAEN. DE BOURGES.

AVANT PROPOS.

QVAND j'ay cõmencé ce petit Traité, ç'a esté pour ma seule satisfaction, & pour ne pas perdre la memoire des connoissances que je me suis acquises par un long travail, & par diverses experiences plûsieurs fois reïterées. Ie ne puis celer que le voyant achevé mieux que je n'eusse osé esperer, j'ay esté tentée de le publier : mais si j'avois des raisons pour le mettre en lumiere, j'en avois pour le tenir caché, & ne le pas exposer à la censure generale. Dans ce combat je suis demeurée prés de deux ans irresoluë : je m'objectois à moy-mesme que ce n'estoit pas la profession d'une femme d'enseigner ; qu'elle doit demeurer dans le silence, écouter & apprendre, sans tesmoigner qu'elle sçait : qu'il est au dessus d'elle de donner un Ouvrage au public, & que cette

reputation n'eft pas d'ordinaire avan-
tageufe, puifque les hommes méprifent
& blafment toufiours les productions
qui partent de l'efprit d'une femme.
D'ailleurs, que les fecrets ne fe veulent
pas divulguer; & qu'enfin il fe trouveroit, peut-eftre, dans ma maniere d'é-
crire bien des chofes à reprendre. Ie me
flattois d'un autre cofté de ce que je ne
fuis pas la premiere qui ait mis quelque
chofe fous la Preffe ; que les Efprits
n'ont point de fexe, & que fi ceux des
femmes eftoient cultivez comme ceux
des hommes , & que l'on employaft
autant de temps & de dépenfe à les in-
ftruire, ils pourroient les égaler: que
noftre fiecle a veu naiftre des femmes
qui pour la Profe, la Poëfie, les Lan-
gues, la Philofophie, & le gouverne-
ment mefme de l'Eftat , ne cedent en
rien à la fuffifance, & à la capacité des
hommes. De plus, que cet Ouvrage eft
utile, qu'il contient quantité de remedes infaillibles pour la guerifon des
maladies , pour la confervation de la
fanté, & plufieurs rares fecrets en faveur des Dames; non feulement pour

conferver, mais auffi pour augmenter
les avantages qu'elles ont receus de la
Nature ; qu'il eft curieux, qu'il enfeigne fidellement & familierement à les
pratiquer avec facilité ; & que fe feroit
pecher contre la Charité de cacher les
connoiffances que Dieu m'a données,
qui peuvent profiter à tout le monde.
C'eft le feul motif qui m'a fait refoudre
à laiffer fortir ce Livre de mes mains :
j'efpere du public qu'il m'en fçaura gré,
& qu'il ne s'arreftera pas tant à glofer
fur la politeffe de mon ftile, que le fujet
que je traite ne pourroit fouffrir, qu'à
profiter de mes preceptes , pour bien
reüiffir, & fe rendre exact dans les operations qu'il fe donnera la peine de
pratiquer. Ie demande encore cette
grace à ceux qui les voudront entreprendre, qu'ils diftribuent liberalement
aux pauvres les remedes comme j'ay
fait jufques à prefent, puifque je leur
apprens le moyen de les faire prefque
fans dépenfe ; & puis qu'il eft iufte enfin que je profite de mes veilles, je les
conjure pour toute reconnoiffance, de
fe fouvenir de moy dans les charitez

qu'ils feront , & de me faire partici-
pante du merite de leurs bonnes œu-
vres ; impetrant pour moy du Ciel par
leurs prieres, & par celles des pauvres
qu'ils foulageront , de nouvelles lu-
mieres , & des connoiffances encore
plus utiles que ie puiffe derechef leur
communiquer. Pour ce qui eft des Dames qui fe contenteront de fçavoir fim-
plement , fans vouloir prendre la peine
de faire les operations qu'elles iugeront
leur eftre neceffaires, à caufe du temps
qu'il y faut employer, & des differentes fortes de vaiffeaux, & autres uftan-
cilles dont on a befoin, ou qui crain-
dront de ne pas reuffir, ie m'explique-
ray de vive voix quand on me fera
l'honneur de m'en communiquer , &
prendray foin de faire moy-mefme ce
que l'on pourra fouhaiter de ce que
j'enfeigne. I'ay divifé ce Livre en fix
Parties : dans la premiere, ie traite des
principes & operations , vaiffeaux,
luts , fourneaux , feux , caracteres &
poids: dans la feconde, ie parle de la
vertu des Simples , de leurs preparations, & de la maniere d'en extraire les

fels, les teintures, les eaux & les effences : la troifiefme eft des Animaux ; la
quatriefme des Metaux ; la cinquiefme
la maniere de faire les medecines com-
pofées, avec plufieurs remedes tous
experimentez : la fixiefme eft en faveur
des Dames ; où il eft parlé de toutes les
chofes qui peuvent conferver & augmenter la beauté. I'ay fait ce que j'ay
pû pour me bien expliquer, & faciliter
les operations : je n'ay point voulu
paffer mes connoiffances, & puis affeurer que tout ce que j enfeigne eft veritable, & que tous mes remedes font
experimentez ; dont ie louë & glorifie
Dieu.

PREMIERE PARTIE.

DES PRINCIPES, OPERATIONS, Vaiſſeaux, Luts, Fourneaux, Feux, Caracteres & Poids de la Chymie.

CHAPITRE PREMIER.
Du Sel.

LA Chymie a pour objeƈt les Corps mixtes entant que diviſibles & reſolubles, ſur leſquels elle travaille, pour en extraire les trois Principes, qui ſont Sel, Soufre & Mercure; ce qui ſe fait par deux operations generales, ſçavoir Solution, & Congelation. Premierement nous parlerons du Sel comme du pere de la generation, puis qu'il ſemble

A

que c'eſt luy qui contribuë le plus à la
production. Il s'en trouve de trois ſortes dans chaque corps, Le Fixe, le
Nitre, et l'Armoniac, leſquels ne procedent que d'un, & ſont
diverſifiez par le mélange des deux autres principes. Le Sel Fixe eſt celuy
qui eſt rendu viſible par l'Art , & qui
contient en ſoy une vertu balſamique.
Il ſe diſſout dans l'eau , il ſe condenſe au
chaud ; & aprés pluſieurs diſſolutions
& purifications il eſt rendu fuſible
comme metal, & comme baume; & enfin, il a la vertu de conſerver toutes les
choſes où il domine, il les purifie, & diſſipe leur humidité ſuperfluë; c'eſt pourquoy ſelon le mixte duquel il eſt extrait, il fait des operations admirables.

Le Sel Nitre tient le milieu entre le
Fixe & l'Armoniac : il s'attache au Soufre , il eſt en petite quantité , il n'eſt
point viſible , & conſerve la vertu de
ſon ſujeƈt. S'il eſt extraiƈt d'un Purgatif,
il purgera; d'un Diuretique, il fera uriner, & ainſi du reſte. C'eſt luy qui donne le gouſt & l'odeur au Soufre.

L'Armoniac eſt celuy qui paſſe avec

l'esprit & l'eau és distillations. Sans luy
les eaux distillées ne se pourroient conferver sans se corrompre ; & si les vaisseaux dans lesquels ont les met ne sont
bien bouchez, il se perd & dissipe, &
elles se putrifient.

CHAPITRE II.

Du Soufre.

LE Soufre, second principe fait l'u-
nion de l'esprit & du corps, c'est
pourquoy il est appellé par quelques
autheurs Ame. Il en est de trois sortes, grossier, moyen, & subtil. Le
grossier se joint au Sel Fixe, le moyen
au Sel Nitre, & le subtil à l'Armoniac.
Le grossier est en petite quantité, &
c'est luy neantmoins qui donne la vertu balsamique au Sel Fixe.

Le Soufre moyen est composé de
parties grasses, chaudes, & huileuses;
il brûle facilement, il est visible par
ses effects, il domine le Sel Nitre, &
se joint avec luy.

Le Soufre fubtil s'unit au Sel Armoniac ; c'eft luy qui facilite fon eleva-
tion , & qui fait que les Efprits s'en-
flamment.

Les parties huileufes & graffes, que
nous appellons Soufre , ne fe tirent
pas d'une mefme partie du mixte , &
ne font pas en tous également. Aux
uns , elles font aux racines & efcorces;
aux autres, aux fleurs, fueilles ou fruits;
à quelques-uns, aux femences. Ce Soufre eft de facile corruption , dautant
qu'il domine le Sel Nitre : cela fe void
dans les huiles tirées par expreffion,
lefquelles s'engraiffent, & fe purrifient;
ce qui n'arrive pas aux effences diftillées, dautant qu'elles font aidées &
corrigées par le feu.

CHAPITRE III.

Du Mercure.

Toutes les chofes qui font au
monde proviennent d'un, & cet
un en produit trois : ce qui nous peut

dôner une idée du myſtere adorable de
la tres-ſainte Trinité. La Chymie nous
en preſente un crayon, puis qu'elle
trouve une trinité non ſeulement dans
chaque ſujet, mais dans chaque principe. Nous avons veu dans les Cha-
pitres precedens, de trois ſortes de
Sel, & de trois conditions de Soufre;
il eſt auſſi aſſeurément de trois differens Mercures, leſquels, comme j'ay dit
au Chapitre des Sels, ne procedent
que d'un, & ne ſont diverſifiez que
par le mélange des deux autres principes.

Il ſe trouve dans le Sel Fixe joint au
Soufre groſſier un Mercure peſant, re-
belle, & de difficile élevation, qui ne
quitte qu'à force de feu. Nous voyons
cela dans la diſtillation du Sel des Simples, duquel le Mercure ne ſe tire que
par un long & preſſant feu. L'eſprit de
Sel n'eſt donc autre choſe qu'un Mercure peſant uni au Sel Fixe, qui contient en ſoy un Soufre groſſier, où le
Soufre & le Mercure ſont dominez
par le Sel Fixe.

Le ſecond Mercure, le Sel Nitre, &

le Soufre moyen s'unissent & se joignent ensemble , comme estans d'une mesme nature.

Le tres-subtil Mercure , le Soufre subtil, & l'Armoniac ou Volatil passent ensemble dans les distillations , ainsi nous voyons dans chaque principe une Trinité tres-unie , lesquels trois principes sont produits par un , & chacun en produit trois.

Vn nombre infini de Philosophes ont écrit du Mercure selon leur sentiment, & chacun en particulier a plûtost suivi son inclination que la raison. Quelques-uns veulent que le Mercure des simples & des animaux soit coulant & lucide comme celuy des métaux ; ce qui ne peut estre, y ayant une difference tres-grande entre les trois regnes. D'autres veulent qu'il soit subtil , diaphane , transparent & insipide ; ce qui n'a aucune apparence. Ie demeure d'accord qu'il doit estre tres-clair , tres-subtil, & détaché de toute acrimonie, mais non pas insipide, puisque c'est cet esprit de vie, qui est d'autant plus penetrant qu'il est plus détaché de la partie terreſtre, & dont la pureté augmente la force. Nous experimentons cette verité dans la depuration de l'Eſprit de vin, qui devient ſi ſubtil, qu'à peine le peut-on conſerver dans quelque vaiſſeau que ce ſoit. Le Mercure n'eſt donc autre choſe que l'Eſprit de vie, ſeparé des parties groſſieres, & rendu par la main de l'Artiſte tres-ſpirituel, & qui eſt en plus grande ou plus petite quantité ſelon le mixte. Ce n'eſt pas que l'on le puiſſe reduire à ſon premier principe ; car il eſt impoſſible de diviſer une choſe qu'elle ne participe des trois ; la nature eſtant ſi ſage ouvriere, & faiſant ſi parfaitement ſon mélange, qu'il n'eſt pas en noſtre pouvoir de diviſer entierement ce qu'elle a conjoint, mais ſeulement d'aſſembler les ſpirituelles avec les ſpirituelles, les moyennes aux moyennes, & les groſſieres avec les groſſieres, non toutefois ſans quelque ſpiritualité dans chacune, puis qu'autrement il ſe trouveroit deux principes dénuez de puiſſance.

Les trois principes ſont plus difficiles à tirer des Animaux que des Vege-

taux, & des Mineraux & Metaux encore dauantage. Ceux qui ont écrit de
ces matieres se sont moins attachez à la
demonstration qu'à la speculation, en
quoy bien souvent l'on est trompé ; car
la Theorie & la pratique sont pour
l'ordinaire differentes, & l'action nous
instruit bien davantage que la contem-
plation.

CHAPITRE IV.

Des Operations de Chymie.

IL est necessaire qu'un Artisan sçache
parler en termes de son Art, & qu'il
connoisse les outils, & les ustancilles
dont il se doit servir. Nous parlerons
premierement des Operations, & particulierement des Distillations.

Les Chymistes font de trois sortes
de Distillations, qu'ils appellent, *Per*
ascensum, Per medium cornutum, Per
descensum. Per ascensum est une Distillation qui éleve les esprits en forme
de fumée, où ne trouvant point de sor-

tie, ils se condensent en eau, & tombent par le canal du chapiteau. *Per medium cornutum* est un moyen ou milieu pour les choses qui ne peuvent pas s'élever facilement. *Per descensum* pour les choses pesantes. Mais parlons de chacune de ces Distillations en particulier.

Distillation per ascensum.

LA Distillation *per ascensum* se fait en plusieurs manieres, selon la chose que l'on veut distiller. Si c'est Esprit de vin, elle se doit faire au Bain. Si ce sont des Essences aromatiques, comme Rosmarin, Sauge, Hysope, Fenoüil, Anis, & autres de pareille nature, cette distillation ne se peut faire que dans un Alambic de cuivre, dautant qu'il faut un feu violent, quantité d'herbes pour tirer une once d'Essence, & l'on ne trouve point de vaisseaux de verre assez grands, & qui ayent de tuyau refrigeratoire, bien qu'il soit necessaire de rafraîchir pour empescher la perte des esprits. C'est pourquoy ceux qui ont dit qu'il ne falloit point absolument se servir de cuivre ont eu tort, dautant qu'il est impossible de le pouvoir faire autrement. De plus, chaque distillation est si peu à se faire dans ces vaisseaux, que les simples n'en peuvent recevoir aucune mauvaise qualité, puisque trois heures suffisent pour cet effect. Le raisonnement feroit croire, comme les Aromats sont de nature chaude, que la chaleur du Bain boüillant feroit suffisante pour élever leurs Essences, veu que toutes choses se portent devers leur centre ; mais l'experience nous apprend qu'il ne s'éleve que fort peu d'Essence dans le Bain.

Pour observer l'ordre que je me suis prescrit, je continueray, & diray que pour faire cette operation, il faut prendre les fueilles & les fleurs de l'Aromatique, que l'on voudra distiller, & remplir l'Alembic jusqu'à quatre doigts prés de l'embouchure, si elles sont vertes ; si elles sont seiches, il faut laisser six doigts ; Versez de l'eau par dessus sur les seches, parties égales ; & sur les vertes, deux doigts au dessous desdites herbes, autrement le tout se brûleroit,

& sentiroit l'empyreume , & mesme
toute l'humidité qui en sortiroit seroit
consommée par la force du feu. Voſtre
vaiſſeau eſtant remply de la ſorte, vous
le mettrez ſur un tripied, ou fourneau ,
& luy adapterez ſon chapiteau, auquel
vous joindrez un tuyau refrigeratoire,
lequel paſſera au travers d'un tonneau
rempli d'eau , le petit bout penchant
pour faciliter la ſortie des eſprits, auquel vous mettrez un Recipient, & boucherez bien les jointures, & donnerez
un feu de flamme juſqu'à ce que vous
voyez diſtiller dans voſtre Récipient.
Alors il faudra moderer voſtre feu, de
peur que le tout ne gonfle. Si voſtre
Alembic tient deux ſeaux ou environ,
quand vous aurez diſtillé cinq pintes,
ceſſez, & vous aurez l'eau & l'eſſence
de voſtre ſimple méleés enſemble. Vous
les ſeparerez par le vaiſſeau ſeparatoi-
te, qui eſt un Entonnoir de verre que
vous emplirez , & boucherez le bout
d'en bas de voſtre doigt, toute l'Eſſence s'élevera au deſſus, & lors qu'il n'en
montera plus, faites ouverture de voſtre doigt, & laiſſez paſſer toute l'eau.

A vj

doucement, & rebouchez quand vous
verrez l'Essence. Vous la mettrez dans
un autre vaisseau que vous boucherez
avec un bouchon de verre; au deffaut
vous y mettrez de la vessie de porc
moüillée. Si vous voulez que vostre
eau soit spirituelle, vous la rectifirez
trois ou quatre fois au Bain. Pour le re-
sidu qui se trouve dans l'Alembic, vous
l'exprimerez, & filtrerez pour en faire
l'Extrait, ou Teinture, & mettrez la
masse secher, de laquelle vous pourrez
extraire le Sel.

Distillation au sable, limailles & cendres.

CETTE maniere de distiller est
pour les choses qu'il faut pousser
par le feu. Vous mettrez un doigt de
sable, limailles de fer, ou cendres dans
une terrine, & mettrez vostre pot
d'Alembic de verre dessus, dans lequel
seront les sucs des herbes que vous voudrez distiller, ou les herbes mesmes
avec leur menstruë, & le couvrirez de
son Chapiteau à bec, auquel vous

joindrez un Recipient ; le tout eftant bouché, vous poferez la terrine fur un tripied , fourneau , ou rechaud. Vous mettrez la hauteur de trois ou quatre doigts de fable au tour de voftre pot d'Alembic, & ferez feu par degrez. La limaille de fer eft le feu le plus chaud : le fable fuit , celuy de cendres eft le moindre.

Diftillation au Bain Marie.

CE T T E Diftillation eft appellée du nom de celle qui l'a inventée, qui eftoit la fœur de Moyfe, Marie furnommée la Propheteffe, laquelle a fait le Livre intitulé des trois Paroles. Elle fe fait en cette forte. Vous prendrez un Chaudron , au fond duquel vous mettrez un Cercle ou petit Tripied de la hauteur de deux doigts pour empefcher que voftre vaiffeau ne touche contre le fond du Chaudron; vous poferez deffus voftre pot d'Alembic remply jufques aux deux tiers de la liqueur que vous voulez diftiller, & mettrez fon Chapiteau deffus, au haut duquel vous attacherez une ficelle que vous ferez

tenir aux deux ances du Chaudron, de
peur que le pot d'Alembic ne nage fur
l'eau ; vous mettrez un Recipient,
boucherez bien toutes les jointures, &
ferez le feu felon la chofe que vous voudrez diftiller. Si c'eft de l'Efprit de vin,
que l'eau du Bain foit tiede ; de l'eau
Rofe, qu'elle foit chaude ; du Vinaigre,
qu'elle foit boüillante. Le jugement de
celuy qui travaille fait ces difcerne-
mens. Il y a des Chaudrons faits ex-
prés pour cet ufage appellez Bains Marie, dans lefquels l'on peut faire plufieurs diftillations tout à la fois. Il eft
à obferver que l'eau du Bain foit bord
à bord de la matiere contenuë dans le
vaiffeau : & lors qu'elle diminüera, il
en faut mettre de chaude, de peur de
caffer les vaiffeaux.

Du Bain Vaporeux.

LE Bain Vaporeux eft pour humecter
les matieres calcinées, & celles qui
font trop feches, defquelles l'on veut
faire expreffion. Il fe fait en cette forte. Prenez les chofes, foit calcinées,
ou feches, aprés avoir efté pilées, &

les mettez dans de petits fachets ; fuf-
pendez les fur la vapeur d'un Chaudron
plein d'eau boüillante pour humeƈter
lefdites chofes, & les tournez jufques
à ce qu'elles foient tout à fait imbi-
bées. Vous mettrez les calcinées en lieu
froid fufpenduës, un vaiffeau deffous
pour recevoir ce qui en fortira : cecy
s'appelle par defaillăce. L'huile de Tartre calcinéfe fait en cette matiere. Pour
les matieres que vous voulez tirer par
expreſſion, vous les mettrez fous la
preſſe ; c'eſt ainſi que l'on tire l'huile
de Noix, celle des Amandes, & celle
des quatre femences froides.

Diftillation per medium cornutum.

CETTE Operation tient le milieu
entre les deux extremitez. Elle eſt
pour les chofes extrememént rebelles
& condenfées : l'on fe fert de plufieurs
manieres pour faire le feu. Le feu ou-
vert eſt le plus laborieux, dautant qu'il
eſt pour les Mineraux & Metaux qu'il
faut calciner auparavant que de les di-

ſtiller. L'humidité ſuperfluë eſtant diſ-
ſipée, il ne reſte plus que l'humidité radicale, qui n'en ſort qu'avec difficulté :
c'eſt pourquoy il faut un grand feu, &
violent, qui neantmoins ſoit par degrez, de peur de caſſer les vaiſſeaux.

Vous prendrez deux Cornuës ou Re-
tortes, dans l'une deſquelles vous mettrez ce que vous voudrez diſtiller, ſoit
Sel decrepité, Vitriol calciné, Salpetre,
Alun, ou autre choſe. Vous la remplirez juſques à la moitié, ou pour le plus
juſques aux deux tiers, & y adapterez
une autre Cornuë, en ſorte que celle
qui contient la matiere entre dans celle qui ſert de Recipient ; il faut que
celle qui reçoit ſoit de beaucoup plus
grande que celle qui contient, afin que
les eſprits ayent le moyen de circuler.
Pour la diſtillation des Eaux fortes, on
ſe ſert pour Recipient d'un grand Matras à col court, autrement appellé Bal-
lon. Il faut bien luter les deux vaiſſeaux enſemble, & donner le feu par
degrez, tant & ſi fort que requiert la
matiere que l'on veut diſtiller. Au défaut d'un Fourneau, l'on peut faire le

feu à la Cheminée avec des briques, & approcher le feu de temps en temps. Ce feu s'appelle de Roüe. L'on peut aussi distiller par la Retorte au sable, limailles & cendres, le Vinaigre, la Canelle, le Clou de girofle, la Terebentine, & autres; observant l'ordre comme il a esté dit aux distillations precedentes.

Distillation per descensum.

CETTE Operation est fort peu usitée, elle n'est que pour les Gommes Raisineuses & pesantes, desquelles l'on tire la liqueur en cette maniere. Il faut avoir un pot de terre vernissé, large de cul, & percé fort prés à prés de petits trous, comme pour passer un grain de bled; vous le remplirez à moitié de la Gomme que vous voudrez distiller, & le couvrirez d'un couvercle que vous luterez, & mettrez une terrine sous ledit pot. Entourez vostre terrine de terre, mettez des charbons allumez sur le couvercle, augmentez le feu jusques à ce que le tour du pot qui sera vuide soit entouré; & lors que vous

n'entendrez plûs d'ebullitioñ l'operation fera faite. Il faut laiſſer refroidir
le vaiſſeau dans ſon feu ; & quand il fera froid, il faut prendre ce qui ſera diſtillé dans la terrine, & le rectifier par
la Cornuë. L'on peut diſtiller des Roſes de cette ſorte par un feu doux.

Sublimation.

PLVSIEVRS ont confondu la Diſtillation avec la Sublimation; il eſt
bien vray qu'en toutes les deux il ſe fait
élevation en l'une des parties fluides
& liquides, c'eſt pourquoy elle eſt appellée diſtillation, dautant que les fu-
mées qui s'élevent, tombent en eau : il
n'en eſt pas de meſme de la Sublimation, car ce ſont les parties les plus ſpirituelles, legeres, & ſeches qui s'é-
levent & adherent au col du vaiſſeau. Il eſt à remarquer que quand on
ſublime choſes minerales ou metalli-
ques, les parties les plus élevées comme folle farine ſont veneneuſes, & que
la Medecine defend abſolûment de
s'en ſervir.

La Sublimation ſe fait ſimple, ou par

addition. La fimple eft lors' que la matiere fe fublime feule, l'autre quand il
faut adjoûter de la limaille de fer, Sel
preparé, ou des Cailloux calcinez pour
arrefter les parties les plus terreftres &
groffieres. Le vaiffeau de Sublimation
eft un Matras ou haute Cucurbite, avec
un Alembic aveugle percé à la cime, ou
un vaiffeau de verre appellé Aludel: le
feu doit eftre de fable, limailles ou cendres dans une Terrine, comme il a efté
dit. Souvenez-vous qu'il eft neceffaire
en toutes Operations de garder les degrez du feu.

Rectification.

CE T T E Operation eft fort neceffaire pour rendre les efprits plus purs
& plus fpirituels, & pour les détacher
de ce qu'ils pourroiét avoir encore d'impur & de terreftre, apres avoir efté diftillez foit par la Retorte ou par l'A-
lembic. Vous rectifirez au Bain Marie
à feu doux ou boüillant, felon la nature
de la chofe. Plus vous rectifirez, plus il
faudra diminuer le feu; car les parties
qui s'éleveront feront plus fpirituelles.

Calcination.

IL est de deux sortes de Calcination ;
l'une simple , l'autre corrosive ; &
toutes les deux ne sont que, pour les Mineraux & Metaux. La simple se fait en
mettant vostre metail ou mineral dans
un Creuset, & luy donnant un feu fort
jusques à ce que vous ayez reduit ledit
Metail , ou Mineral en poudre impalpable. La corrosive se fait par les eaux
fortes , laquelle reduit les Metaux en
chaux. Le nom de Calcination est fort
mal donné à cette Operation , dautant
que Calcination est destruction ; & l'or
& l'argent ne sont point détruits par les
eaux fortes , mais seulement corrodez
& alterez ; puisqu'ils reprennent corps
à feu violent,ce n'est point Calcination,
mais seulement dissolution imparfaite.

Cohobation.

COHOBER n'est autre chose que
mettre ce qui sera distillé sur ce qui
reste au fond du vaisseau distillatoire,
afin que la partie spirituelle penetre
plus facilement la masse, & qu'elle s'au-

gmente en vertu. Cette Operation se fait plus au Bain qu'autrement. Celle qui se fait à la Cornuë, le feu doit estre doux, de peur de rendre les choses distillées de mauvaise odeur.

Coagulation.

COAGVLER est rendre une chose liquide, en consistence ferme : elle se fait en deux façons, l'une par le feu, l'autre par le froid : celle du feu est lors que vous aurez extrait quelque teinture ; vous en ferez evaporer l'humidité dans une Terrine ou vaisseau de verre jusques à consistence de Miel ou Extraict, selõ l'usage auquel vous voudrez vous en servir. Celle qui se fait au froid est des Sels diffouds, lors que vous aurez fait evaporer les deux tiers de l'eau, & qu'il se fait au dessus une petite pellicule, vous mettrez vostre vaisseau au froid à la cave, & une partie se coagulera en Cristaux, lesquels vous acheverez de secher dans un Creuset, & garderez dans un vaisseau bien bouché : faites evaporer comme dessus, & mettez au froid jusques à ce qu'il ne se fasse plus de cristaux.

Filtration.

FILTRER en termes vulgaires, c'est
passer, ou couler une chose pour la
rendre plus claire & plus nette. Elle se
fait par le papier gris, ou la chausse
d'Hypocras, ou par la languette, tant de
fois que celuy qui opere soit satisfait.
CetteOperation est fort necessaire pour
l'extraction des Teintures & des Sels.

Dessication.

CALCINATION & Dessication
sont presque une mesme chose, à la
reserve du plus ou du moins. Dessication est pour dessecher & rendre la matiere capable d'impregner la liqueur qui
luy sera apposée, ou s'impregner de ladite liqueur pour estre plus facile à
broyer & piler.

Dulcoration.

DVLCORER est laver la Chaux
des Metaux pour en oster la corro-
sion que les eaux fortes leur pourroient
avoir cómuniquées. Elle sert aussi pour
dulcorer le Soufre des Metaux & Mi-

neraux qui pourroient eftre corrofifs
par l'addition qui auroit efté faite pour
avancer leur calcination. Les Pomades
& chofes molles, mefme la Terebentine fe peuvent dulcorer.

Inclination.

L'INCLINATION fe fait lors que
la chofe eft lavée & dulcorée, &
qu'elle eft raffife au fond du vaiffeau, on
verfe par inclination l'eau de deffus, laquelle fe fepare de la matiere facilement.

Amalgamation.

SANS chercher l'origine de ce mot,
lequel felon quelques Auteurs, n'eft
que pour le mélange de l'argent vif avec
la Chaux des Metaux ; je dis qu'amal-
gamer eft méler, incorporer, & broyer
une maffe avec une liqueur tellement
qu'elles ne fe puiffent feparer.

Digeftion.

LA Digeftion s'explique d'elle-mef-
me. Elle n'eft autre chofe qu'une
chaleur douce & penetrante & dige-

rente, qui se fait en cette façon. Prenez
la chose que vous voudrez digerer, soit
Vegetal ou Animal, & luy donnez un
Menstruë s'il est necessaire, & le mettez
dans un Matras, ou Cucurbite bien bouchée avec un Alambic aveugle; vous le
mettrez au fumier de Cheval, ou Bain
Marie, tant & si peu que le requerera
la matiere que vous voulez digerer.
Cette Operation ne se fait que pour détacher plus facilement les parties pures
d'avec les impures, & les subtiles d'a-
vec les grossieres.

Putrefaction.

PVTREFACTION, & Digestion
ne sont qu'une mesme chose, à la reserve que l'une est plus longue que l'autre, & qu'elles ont deux fins. La Digestion est une coction, & la Putrefaction une pourriture, afin que la matiere change de goust, d'odeur, & de couleur pour produire une chose plus par-
faite, & dépoüillée de toutes ses mauvaises qualitez; & cette Putrefaction est une
disposition à une nouvelle generation.
Elle se fait dans le fumier ou au Bain, y
adjoûtant

adjoûtant un Menſtruë, s'il eſt neceſſaire pour la corrompre.

Menſtruë.

MENSTRVE eſt une liqûeur qui
ſert pour aider à tirer, & extraire
toutes ſortes d'eſprits, eſſences, teintures, ſels ; digerer, & corrompre routes les choſes qui ont beſoin d'humidité. Il en eſt de pluſieurs ſortes ; ſelon la
nature de la choſe que l'on veut extraire ou corrompre, on ſe ſert d'eſprit de
vin, eſprit de roſée, d'eaux fortes,
ſucs de limon, vinaigre diſtillé, eau
commune ou eau diſtillée, ſelon que
l'Artiſte le juge à propos.

Fermentation.

PRENEZ les choſes que vous voudrez fermenter, & les pilez ſi elles
ſont vertes ; & ſi elles ſont ſeches, il les
faut arrouſer, & les mettre dans un vaiſſeau de verre que vous boucherez, &
mettrez à la cave dans du ſable ; vous
y laiſſerez juſques à ce qu'elles commencent à s'aigrir, puis qu'elles ſeront
alors aſſez fermentées pour les diſtiller.

B

Cette operation se fait pour rendre les esprits faciles à s'élever, & à se détacher des parties plus grossieres.

Circulation.

CIRCVLATION est proprement monter, & descendre. Cette operation ne sert qu'à rendre les choses spirituelles plus parfaites. Prenez deux Matrats de grandeur convenable, qui ayét le col court, dans l'un desquels vous mettrez les choses que vous voulez faire circuler : lutez bien les deux vaisseaux ensemble, & les mettez dans le fumier de cheval, on au Bain-Marie. Il faut qu'il n'y ait que le Matras dans lequel est la matiere, qui soit entouré de fumier, ou d'eau ; le reste estant découvert, afin que les esprits puissent circuler, & par la fraicheur de l'air se condenser en eau, & retomber en bas. Le Pelican est un vaisseau fort propre à cette operation, & s'appelle communément vaisseau circulatoire ; au defaut duquel on se sert de Matras, comme j'ai dit.

Defaillance.

I'AY parlé cy-devant de la Defaillance en l'article du Bain Vaporeux,
c'est pour les choses calcinées, & hu-
mectées, qui se dissolvent au froid;
lesquelles tombent par defaillance, &
pour celles qui s'exprimét sous la presse.

Reverberation.

LA reverberation est comme la calcination, excepté que la reverberation se fait dans un vaisseau clos, la
calcination à feu découvert. L'on se
sert de cette operation à deux fins;
l'une, afin que les esprits se calci-
nent avec les corps; & l'autre, afin
que la chose que l'on veut calciner
ait plus de force, & soit plus par-
faite.

Precipitation.

PRECIPITATION est une operation, de laquelle on use aprés que
l'on a fait dissolution de quelque metal
par l'eau forte, & qu'il est reduit en
chaux. On se sert d'eau marinée, pour

affoiblir la force de ladite eau, & pré-
cipiter le metal en bas, pour l'adoucir
aprés par dulcorations d'eau simple.

Eau marinée.

L'E A V marinée n'est autre chose que
de l'eau commune dans laquelle on
à mis dissoudre du sel commun autant
qu'elle en aura pû prendre. Elle sert à
precipiter la chaux des metaux, comme
il a esté dit cy-dessus.

Stratification.

STRATIFIER, est mettre une chose en forme de lict dans un vaisseau,
& mettre une autre chose dessus, &
recommencer lict sur lict jusques à ce
que toutes vos matieres soient mises.
Elle se fait dans deux differens vaisseaux, sçavoir creuset & cucurbite. Le
creuset est pour les choses minerales; la
cucurbite pour celles que l'on veut distiller ou mettre en digestion. Les Chymistes appellent cette operation, *Stra-*
tum super stratum.

Torrification.

LORS qu'il faut torrifier un mixte, c'est qu'il a de l'impureté que l'on veut corriger, en dissipant l'humidité superfluë ou dangereuse, dont il abonde. On fait ainsi. Reduisez les matieres que vous voulez torrifier, ou plustost purifier & dessecher en poudre si elles se peuvent piller, ou coupez-les par tranches, & les mettrez dans un vaisseau propre, c'est à dire d'estain, parce qu'il ne peut resister à une chaleur violente, & qu'il en faut une tres-douce; vous le mettrez sur un rechaud, & remurez toûjours jusques à ce que vos matieres ne rendent plus de fumée : donnez-vous de garde de cette fumée, car elle est dangereuse. Pour l'Opion, l'Ellebore, la Scamonée, l'Antimoine, & quelques autres, ils se preparent de differentes manieres. L'on se sert à quelques-uns de la flâme du Soufre pour torrifier, en mettant les drogues dans de petits quarrez de papier que l'on passe par dessus jusques à ce qu'ils ne fument plus : quelques-uns les portent fur eux dans de petits fachets, & par long-temps les defechent.

Decrepitation.

CETTE operation n'a qu'un feul objeſt, qui eſt le Sel, & ne ſe pratique que pour le purifier. Dans toutes fortes de Sel, il ſe trouve des eſprits fougueux, leſquels ne peuvent s'aſſujetir, ils s'emportent, & font un bruit tres-grand, lors qu'ils font enfermez, & caſſent tout ce qui s'oppoſe à leur violence ; mais la Chymie evite tous ces accidens, en purifiant les Sels de leurs méchantes qualitez. Cette operation ſe fait dans un vaiſſeau de terre qui reſiſte au feu, dans lequel vous mettrez le Sel que vous voudrez decrepiter, & poſerez ſur des charbons ardans le pot couvert avec quelque choſe de ſi peſant, qu'il puiſſe reſiſter, il ſe fera un grand bruit: lors qu'il ſera appaiſé, laiſſez refroidir voſtre Sel, & il ſera decrepité & preparé.

Feces.

L'ON appelle Feces ce qui reſte au fond des vaiſſeaux aprés les diſtil-

lations, & qu'elles font demeurées feches : l'on peut les brûler pour en extraire les Sels.

Teſte morte.

L A teſte morte eſt une choſe qui n'eſt
propre à rien, inſipide, ſans gouſt
& ſans ſaveur, de laquelle l'on ne peut
rien extraire ; c'eſt pourquoy elle eſt
appellée teſte morte, terre damnée ou
condamnée.

CHAPITRE V.

Des vaiſſeaux.

L E s vaiſſeaux propres pour les diſtillations *per aſcenſum*, ſont l'Alembic
de cuivre avec ſa cape & tuyau refrigeratoire, le Recipient s'appelle Marras.

Pour diſtiller au Bain-Marie, & aux
feux de cendre, ſable, limaille & fumier, il faut une courge ou cucurbite de
verre avec ſon chapiteau à bec, & ſon
Recipient qui eſt un Matras à col long.

Pour diſtiller *per medium cornutum,*

il faut deux cornuës, ou bien une cornuë, & un grand Recipient appellé
Balon.

Pour fublimer, il faut un Matras ou
cucurbite avec fon chapiteau troüé en
haut, ou un Aludel.

Pour circuler, il faut deux Matras, ou
un Pelican, au defaut une petite courge
avec un Alembic aveugle.

Pour la digeftion & putrefaction il
faut des courges avec leurs chapiteaux
aveugles; & lors que la putrefaction ou
digeftion eft faite, fi l'on veut diftiller,
l'on n'a qu'à changer le chapiteau aveugle, & mettre celuy à bec avec fon Recipient.

Pour calciner, il faut un creufet ou un
pot qui refifte au feu.

Pour reverberer, il faut deux creufets, ou deux pots bien lutez les uns fur
les autres.

Pour decrepiter, il faut un pot couvert.

Pour torrifier un vaiffeau d'eftain.

Il eft encore neceffaire d'avoir des ter-
rines, des cruches, & des fioles. La
quantité des vaiffeaux ne fait pas l'ha-

bile Artiste, & ne contribuë que peu
à la perfection des remedes : plus un
ouvrier est sçavant, plus il trouve de facilité à faire son ouvrage, & est moins
embarassé ; c'est pourquoy ces grands
laboratoires , & ces nouvelles inven-
tions de verre & de fourneaux, ne servent que de montre & de parade.

Chapitre VI.

Du Lut des vaisseaux.

PLVSIEVRS ont escrit des Luts des
vaisseaux , & les ont composé de
tant de drogues, que huit jours ne suffi-
roient pas pour les faire ; pour moy, suivant ma simplicité ordinaire, voicy ce
que je vous conseille.

Prenez de la terre à potier seche, &
reduite en poudre subtile, que vous de-
layerez avec des blancs d'œufs bien bat-
tus, un peu de bourre ouverte, de la limaille de fer bien deliée, ou du sable,
& un peu d'urine, petrissez le tout ensemble en consistence de paste molle,

& en lutez vos cornuës & matras, ou
autres vaiſſeaux que vous laiſſerez ſecher doucement à l'air ſans feu, ny Soleil. Ce Lut reſiſte au feu.

Pour refaire les vaiſſeaux caſſez, vous
reduirez la chaux vive en poudre, & de-
layerez avec du blanc d'œuf; vous tremperez un linge bien delié dedans, &
l'appliquerez promptement ſur les caſ-
ſures.

Pour luter les Recipiens & les Courges avec leurs chapiteaux, il ne faut que
de l'empois & du papier.

Ayant enſeigné à luter les vaiſſeaux,
il eſt juſte de donner la maniere de les
rogner, & de les percer.

Pour les percer, faites fondre du Soufre dans un creuſet, trempez une ficelle
dedans, & la roulez de la grandeur que
vous voudrez percer le vaiſſeau, met-
tez-y le feu, & lorſque la ficelle ſera
preſque brûlée, jettez un peu d'eau deſſus, le morceau de verre tombera.

Pour caſſer le col des vaiſſeaux, ex-
poſez-les ſur la flâme de la chandelle,
tournez juſques à ce qu'ils ſoient bien
chauds, & les trempez dans l'eau par

l'endroit chaufé ils casseront ; on peut les unir avec les dents d'une clef.

CHAPITRE VII.

Des Feux.

IL est de plusieurs sortes de feux ; il en est de naturels & d'artificiels. Le premier est

Le feu du Soleil, auquel on expose les choses faciles à dissoudre ou resoudre. Il faut observer en ce feu, que les vaisseaux ne soient jamais pleins, parce qu'ils cassent.

Le feu de fumier de pigeon, qui sert pour les digestions & putrefactions, doit estre excité par le fumier de cheval.

Le feu de fumier de cheval sert pour les mesmes choses : il veut estre renouvellé tous les trois jours.

Le feu de lampe est le feu égal.

Le feu de charbon, pour les distillations par la cornuë, & le feu de bois pour l'Alembic refrigeratoire.

Il est absolument necessaire de sça-

voir conduire son feu, d'en garder les
degrez, & de l'augmenter ou diminuer selon le besoin, puisque de la conduite du feu dependent la perfection
de l'ouvrage, & la conservation des
vaisseaux.

CHAPITRE VIII.

Des fourneaux.

L'Vsage des fourneaux n'est pas permis à toute sorte de personnes, pour
quelques considerations particulieres,
ce qui est cause que plusieurs sont pri-
vez de faire les operatiōs Chymiques, se
persuadans que l'on ne peut pas travail-
ler sans fourneaux: pour les desabuser de
cette erreur, & leur donner de la facilité, je dis que les fourneaux ne sont
point absolument necessaires, puisque
l'on peut faire toutes les operations sur
un tripied entouré de brique, ou sur un
rechaut, ou au coin de la cheminée; il
est bien vray que l'on dépense un peu
plus de bois & de charbon. Ceux qui

seront ménagers, & qui auront pouvoir
d'avoir des fourneaux, les pourront bâ-
tir selon leur desir ; la symmetrie n'e-
stant point reglée, un chacun les fait à
sa volonté.

Les matieres pour faire les fourneaux,
sont de la terre à potier, & du sable ; il
faut couper la terre par petits morceaux,
puis l'arrouser d'eau, & la laisser imbiber peu à peu; lors qu'elle sera en consistence de paste molle,il faut méler avec,
en diverses fois, les trois parts de sable
qui aura esté sacé; il faut pestrir le tout
ensemble jusques à ce que le sable ne
paroisse plus, & que la paste ne s'attache point aux mains, à lors l'on pourra
faire lesdits fourneaux : quand ils sont
faits, il les faut laisser secher doucement
à l'ombre, & les mettre cuire au four de
potier, s'il se peut, au defaut les couvrir de braise, ou les entourer de mot-
tes à Tanneur, ausquelles on mettra le
feu.

Quelsques-uns au lieu de sable se
servent de pots à beure reduits en poudre; il y a de la peine à la faire, aussi est-
elle meilleure que le sable. Il faut mesler

bien peu de terre avec, dautant qu'il y
en a desja une part.

CHAPITRE IX.

Des Caracteres Chymiques.

L Es Philosophes ont fait tout ce
qu'ils ont pû pour ne pas rendre
leurs operations cómunes. Ils ont caché
sous de certains caracteres le nom de la
matiere des operations , & des vaisseaux, ce qui a esté cause que plusieurs
secrets n'ont pas esté pratiquez. C'est
pourquoy j'ay voulu les expliquer en
faveur de ceux qui liront ce Livre, pour
leur faciliter toutes sortes d'operations,
& pour les exempter de chercher ailleurs leurs explications.

signifie Antimoine.

Mercure, ou vif argent.

Les sept Metaux.

Mars, ou Fer.

Venus, ou Cuivre.

Saturne, ou Plomb.

Iupiter, ou Estain.

La Lune, ou Argent.

Le Soleil, ou Or.

Le Belier.

Le Lyon.

Le Sagittaire.

La Balance.

Le Verseur d'eau.

Les Gemeaux.

L'Escrevice.

Le Scorpion.

Les Poissons.

Le Capricorne.

Le Taureau.

La Vierge.

Le Iour.

La Nuict.

L'Heure.

Le Mois.

L'Année.

Le Feu.

▽ L'Eau.

△ L'Air.

▽ La Terre.

△ L'Amalgame.

⚬—⚬ L'Arſenic.

□ Alun commun.

Alun de Plume.

⊕ Atrament ou Vitriol rougi.

▽ Azur.

♀ Airain.

□ Atrament, ou Couperoſe blanche.

△ Aymant.

□ Briques en poudre.

Borax.

Ceruſſe.

Chaux vive.

Cinabre.

E Cendres commūnes.

Cendres gravelées.

▽ Eau Forte.

▽ Eau Royale.

Fleurs d'Antimoine.

Fleurs d'Airain.

Huile.

Litarge.

Limaille de Mars.

Laton.

Mercure de Vie.
Minium.
Magnesie.
Mercure sublimé.
Marcassite.
Mercure precipité.
Orpiment.
Poudres.
Realgar.
Soufre en canon.
Soufre vif.
Sel Armoniac.
Salpetre.
Sel marin.
Tartre.
Tutie.
Talc.
Soude.
Vitriol commun.
Vrine.
Vinaigre distillé.
Vinaigre rouge.
Vin blanc.
Verre.
Sable.
Cornuë.
Stratification.

Ψ Esprit de vin.

Esprit en general.

⊕ Vert de gris.

⊖ Feu de roüe.

Sel Gemme.

Sel Alkali.

Soufre des Philosophes.

Creuset.

Alambic.

Camphre.

Meche.

Mort, ou teste morte.

♃ Signifie, Prenez.

Grain pesant.

Ə·ß· Demy Scrupule.

Ə·I· Vn Scrupule.

ʒ·ß· Demi Drachme.

ʒ·I· Vne Drachme.

℥·ß· Demi-Once.

℥·I· Vne Once.

℔·I· Vne Livre.

Aɴᴀ Quantité égale.

Q·S Suffisante quantité.

M·i· Manipule.

·P· Pugille.

L'obſervation des poids eſtant neceſſaire en la Medecine, je les ay voulu
inſerer à la fin de cette Partie. Voicy
leur explication.

Le grain vaut le poids d'un gros grain
   d'orge.
Le demy Scrupule vaut dix grains.
Le Scrupule vingt grains.
La demy Drachme eſt de 30. grains.
La Drachme eſt de 60. grains.
La demy Once eſt de 4. Drachmes.
L'Once de huit Drachmes.
La livre de Medecine eſt de douze
   onces.
Ana ſignifie parties égales de pluſieurs
   drogues differentes qui entrent dans
   la compoſition d'un remede , qui
   ſont écrites devant ce mot Ana.
Manipule ſignifie ce que l'on peut con-
   tenir dans la main.
Pugille eſt ce que l'on peut tenir avec
trois doigts, ou pincée.

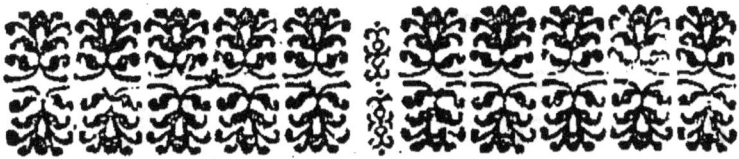

SECONDE PARTIE.

AVANT-PROPOS.

Des Vegetaux.

SI je voulois escrire tous les avantages du Vegetal, & toutes les prerogatives, j'aurois une ample matiere, & je ferois connoistre qu'il doit estre preferé & à l'animal & au mineral. La Genese nous apprend que le Vegetal fut le premier creé pour les delices, & le service de l'homme dans son estat de Grace. Il contribua à ses plaisirs par l'embellissement du Paradis terrestre, dont il estoit tout l'ornement ; & depuis sa disgrace, il en eut besoin comme de medicament : ce qui au precedent sembloit n'avoir esté fait que pour son plaisir, devint par sa faute tellement neces-

faire, qu'il a esté depuis impossible de
s'en pouvoir passer. Aussi n'est-'il pas
vray, que dans le Vegetal il se trouve
dequoy satisfaire le goust des plus delicats. Il nous fournit dequoy faire de diverses sortes de pains. Les boissons les
plus delicieuses en proviennent. Il nous
donne un nombre infini de differens
fruits & en diverses saisons. C'est luy
qui produit les huiles, le sucre, les espi-
ceries, le bois, le charbon, & quantité de choses utiles & necessaires pour
l'entretien de la vie. Les animaux mesme ne peuvent subsister que par luy, &
ne vivent que de luy. Nous remarquons
encore que dans son usage, il se trouve
moins de corruption que dans celuy des
animaux. Nos premiers Peres, qui n'a-
voient pour nourriture que les Simples,
l'ont experimenté ; la longueur de leur
vie, la vigueur & force de leur corps
aussi bien que la vivacité de leur esprit
nous le font connoistre. La saincte Escriture nous donne encore un puissant té-
moignage de leur avantage, quand Dieu
voulut purifier la terre de ses crimes par
une inondation universelle, le Vegetal

ne participa point à cette punition, puisque tous les simples parurent aprés ce
desastre plus verds qu'ils n'estoient auparavant. Le rameau d'olive que la Co-
lombe apporta témoigne leur victoire
sur les autres regnes, & la necessité que
les hommes en devoient avoir. Mais il
paroist dans tous ces rencontres quelle
est leur utilité pour la conservation de
la vie & de la santé. Il est pareillement
veritable qu'ils ne le font pas moins
pour la rétablir, quand elle est alterée.
L'on est asseuré d'y trouver un prompt
& veritable secours dans toutes sortes
de maladies. David nous le confirme,
lors qu'il dit, Seigneur lavez-moy d'hysope, & je seray nettoyé; desirant que
son corps, qui avoit contribué à son pe-
ché, fust renouvellé en force aussi bien
que son ame en Grace. Isaye güerit le
Prophete Ezechias par un cataplasme
de figuier. Le Samaritain qui descédoit
de Hierico composa son remede de
deux simples pour guerir le blessé qu'il
trouva à son chemin. Il semble mesme
que Salomon n'auroit pas eu avec ju-
stice le nom de Sage, s'il n'avoit possedé

parfaitement la connoiſſance des ſim-
ples.L'Eſcriture ſainĉte nous en aſſeure,
en mettant entre ſes éloges l'avantage
d'avoir connu depuis le Cedre du Li-
ban juſques à l'hyſope. Si les hommes
s'eſtoient appliquez avec ſoin à leur
connoiſſance, leur vie en ſeroit plus longue & moins languiſſante. Les deſerts
de la Paleſtine ont veu un nombre infi-
ny de ſainĉts Hermites paſſer le terme
que le Prophete dóne à la vie de l'homme, & vivre des cent & ſix vingt ans
ſans prendre autre nourriture que celle
des ſimples. Nous voyons encore tous
les jours des Religieux & Religieuſes
mourir tous chenus de vieilleſſe, qui
n'ont veſcu que de legumes. Concluons
donc, que l'on doit preferer avec ju-
ſtice le Vegetal, & à l'Animal, & au
Mineral pour les remedes, comme auſſi
il le peut diſputer à l'Animal pour la
nourriture. Mais comme toutes les choſes qui ſont au monde ont participé à la
punition de l'homme ; elles ont beſoin
de preparation, afin d'en retrancher les
mauvaiſes qualitez pour reünir les principes purs & nets de toute corruption,

pour porter la fanté à la partie malade.
C'eft ce que fait la Chymie, en faifant la
divifion des fubftances, & rendant les
medicamens purs, & ouverts, & ca-
pables de penetrer jufques à la plus
cachée & interieure partie de noftre
corps. Voicy plufieurs manieres de les
preparer avec leurs proprietez &
vertus.

CHAPITRE I.

De la Vigne.

JE commence par le Vegetal le plus
parfait & le plus neceffaire à la vie
de l'homme, qui eft la vigne. La diftillation de fon vin doit eftre abfolument
faite au Bain-Marie, dans des vaiffeaux
de verre, dautant que le vin a beaucoup
d'efprits, & qu'il abonde en Vitriol; il
ne peut eftre mis en aucun vaiffeau de
metal, ou terre plombée, fans alterer
le vaiffeau, ou eftre alteré luy-mefme,
tant il a de fympathie avec les metaux.
Ce qu'a bien remarqué un Philofophe,
lequel

lequel defend mefme de faire fe Sel de
Tartre dans aucun vaiffeau plombé,
ny de metal; il faut donc fe fervir de
vaiffeaux de verre. Vous prendrez fix
pintes d'excellent vin, & les mettrez
dans la cucurbite, & la couvrirez de
fon chapiteau avec fon Recipient, le
tout bien luté; & diftillez au Bain à feu
doux, & lors que vous aurez une pinte
de diftillée, changez de Recipient, &
y en mettez un autre pour tirer le phlegme qui reftera dans voftre vaiffeau, &
lors que vous verrez qu'il commencera
à monter de l'aigreur, oftez ce qui fera dans voftre Recipient & le remettez;
faites boüillir voftre Bain, il diftillera
un vinaigre, qui fera parfaitement bon,
lequel vous pourrez rectifier pour le
rendre plus fort; les feces reftantes aprés
la diftillation du vinaigre ne font propres à rien, quoy que plufieurs Autheurs
ayent écrit, qu'il falloit tirer le Sel des
feces; fans fe donner cette peine, le Sel
& crefme de Tartre ont plus de force,
& il s'en tire plus grande quantité; c'eft
pourquoy je n'approuve point cette
operation eftant penible, longue, &

C

inutile. Pour l'huile elle n'eſt point neceſſaire à la Medecine, & je n'ay point
trouvé d'Autheur qui traite de ſes vertus. Pour perfectionner l'Eſprit de vin
que vous avez cy-devant diſtillé, mettez-le ſur deux pintes de bon vin dans
voſtre vaiſſeau, & diſtillez à feu doux,
comme a eſté dit cy-devant, & lors que
vous aurez retiré voſtre pinte, ceſſez;
reïterez cette operation ſix ou ſept fois,
en adjoûtant touſiours de nouveau vin,
& vous aurez un Eſprit de vin animé
tres-parfait. Vous pourrez à chaque
fois tirer voſtre vinaigre, ſi vous n'ai-
mez mieux mettre tous les reſidus enſemble, & les dephlegmer & diſtiller
tout à la fois. Pour rendre voſtre Eſprit
de vin plus ſpirituel, vous le mettrez
circuler au fumier, ou au Baïn, dans des
vaiſſeaux propres à cet effet, comme il
a eſté dit à l'article de la Circulation.

Les vertus de cet Eſprit ſont incom-
parables, tous ceux qui en ont écrit luy
attribuent des effects prodigieux. Rupeciſſa l'éleve juſques au Ciel, & en fait
ſon or potable. Il eſt à croire que c'eſtoit
de cet Eſprit que les Poëtes entendoient

parler par le nectar, qui se beuvoit à la
table de leurs fausses divinitez. Remond
Lulle le fait passer pour un Specifique à
toutes sortes de maladies, & luy donne
des eloges sur lesquels on ne peut en-
cherir. Il est vray qu'il est fort necessaire à la Medecine, quoy que la médisan-
ce puisse dire contre luy, tant pour corriger, cuire, & extraire les vertus des
simples, animaux, mineraux & metaux,
que pour fortifier les membres affoiblis,
pris en petite quantité dans un vehicule propre au mal : Il réjoüit le cœur, fortifie les esprits vitaux, réveille la memoire, aiguise l'entendement, aide à
la digestion, guerit l'hydropisie, & fait
plusieurs autres effects ; c'est avec cet Esprit que se pratique l'eau de Bellegar-
de, & c'est avec ce mesme Esprit que ce
fait celle de la Reine de Hongrie, qui a
eu la force de rajeunir cette venerable
Princesse, & qui sert aujourd'huy à
conserver la santé à plusieurs personnes,
& contribuë à l'embellissement des Dames. Les vertus de cet Esprit merite-
roient un Volume entier, mais comme plusieurs Autheurs en ont écrit,

le Lecteur y peut avoir recours.

De l'Esprit de Tartre.

LE vin produit un Tartre, ou Sel qui s'attache aux paroists des vaisseaux dans lesquels on met le vin. Le Tartre du vin blanc est le meilleur. Ceux qui ont traité des vertus & perfections de la vigne, disent que le vin blanc est le masle, & que le rouge est la femelle. Ie ne sçay si c'est pour cette raison que le Tartre blanc est preferé. Prenez du Tartre blanc de Montpellier, que vous pillerez tres-delié, & mettrez dans une cornuë, que vous remplirez pour le plus à moitié. Vous y adapterez un grand Recipient : distillez à feu de roüe, & gardez les degrez du feu, l'Esprit sortira le premier, aprés une huile ; & lors qu'il ne distillera plus rien, laissez refroidir vos vaisseaux, & separez l'huile d'avec l'Esprit par le vaisseau separatoire, vous cohoberez l'Esprit deux ou trois fois sur les feces à feu de cendres.

Cet Esprit est fort penetrant, il incise les humeurs & les deterge, il est aperitif & diuretique ; la doze est d'une

Drachme jufqu'à deux, prife dans quelque eau convenable au mal : il eft neceffaire auparavant que de s'en fervir de
fe purger avec de la Caffe, ou de la
Rheubarbe.

L'huile ne s'applique que par dehors
pour mondifier, & defecher les playes.

Crefme ou Criftal de Tartre.

PRENEZ du Tartre, comme il a efté
dit, & le mettrez en poudre fubtile,
fur laquelle vous verferez de l'eau dans
un vaiffeau de verre de la hauteur de fix
doigts. Faites boüillir ladite eau demie-
heure, & la verfez par inclination dans
un autre vaiffeau de verre ; remettez
d'autre eau fur le Tartre reftant au fond
du vaiffeau, faites boüillir, & rever-
fez comme il a efté dit. Reïterez jufques à ce que voftre Tartre foit tout
diffout ; prenez toutes ces eaux, & les
faites boüillir jufques à diminution des
trois quarts. La partie reftante, vous la
mettrez dans un lieu froid, en douze
heures de temps fe formeront des criftaux fur la fuperficie que vous leverez
avec une cuillier d'argent, & les deffe-

cherez dans un creufet, puis les garderez dans un vafe de verre que vous boucherez. Faites reboüillir ladite eau, & la mettez au froid, & prenez les criftaux & defechez, comme il a efté dit, cont nuez jufques à ce qu'il ne fe forme plus de criftaux. Cette operation s'appelle Criftal de Tartre, dautant qu'il eft blanc, clair & diaphane comme le Criftal, on le doit appeller avec plus de raifon Sel fixe du vin.

Les Chymiques appellent ce medicament par excellence Medecine benite, & luy donnent laperfection d'eftre propre à toutes fortes de maladies. La doze eft d'une Drachme prife dans un boüillon, ou autre liqueur. Il fe fait un magiftere du Tartre, lequel je paffe fous filence, trouvant les deux operations cy-deffus preferables.

Huile de Tartre par defaillance.

PRENEZ du Tartre, pillez, & le mettez dans un creufet fur des charbons ardans, remuez de temps en temps, & continuez un feu fort, jufques à ce que le Tartre devienne blanc. Cette

operation eſt longue, vous pourrez mettre une partie de Soufre pillé avecque, pour aider à faire brûler le Tartre ;
quand le Soufre ſera conſommé, vous
en remettrez d'autre, & continurez juſques à ce que le Tartre ſoit en cendre
blanche, ou griſe, alors vous le mettrez
dans un ſachet que vous ſuſpendrez à
la cave, & mettrez deſſous un vaiſſeau
pour recevoir la liqueur qui tombera
par defaillance. Cette huile ſert pour
mondifier les playes : Elle guerit les
brulures ; il la faut appliquer avec un
plumaceau : elle ſert auſſi à faire precipiter les diſſolutions des magiſteres,
comme il ſera dit en quelques articles
cy-apres.

Du Vinaigre & de ſes vertus.

LE vinaigre ſe diſtille à la façon qu'il
a eſté dit au commencement de ce
Chapitre, ou bien vous prendrez du
vinaigre blanc ou rouge, & le diſtillerez au Bain-Marie, ou à la cornuë, en
laiſſant la trôiſiéme partie des vaiſſeaux
vuides de peur que les Eſprits ne montent avec le phlegme, dephlegmez à feu

C iiij

doux, & augmentez le feu lors qu'il montera de l'aigreur, & diftillez juf-ques à ce qu'il ne vienne plus rien. Vous pourrez rectifier tant de fois qu'il vous plaira, & dephlegmez à chaque fois. Il eft à remarquer, que toutes chofes aci-des font froides, & qu'elles ont un phleg-me infipide, qui vient le premier. L'on peut auffi tirer du vinaigre une huile, & un fel, lefquels j'obmets pour n'en connoiftre point les vertus.

Le vinaigre diftillé fert pour extraire les teintures, il diffout les perles, & les coraux. Le vinaigre blanc & diftillé eft pour decraffer les teints gras & huil-leux.

Des fueilles, pepins & cendres de la vigne.

LA vigne nous fournit encore des fueilles & des tendrons utiles à la Medecine, pillez enfemble gueriffent les douleurs de la tefte appliquez fur le front, & les temples; mis en cataplafme fur l'eftomac le rafraichifset; l'eau diftil-lée defdites fueilles, & tendrons arrefte les dyfenteries & crachemens de fang,

en beuvant un verre le matin; les larmes
de la vigne, quand on la coupe au Printemps nettoye le cuir, éclaircit la veuë
au matin; prise avec partie égale de vin
blanc fait sortir le gravier de la vessie.

Les pepins des raisins reduits en poudre, meslez avec les trois parts de cendres de ferment dilayées avec vinaigre
& huile rosat en consistence de boüillie
dissipét les tumeurs & duretez qui viennent au fondement, appliquées dans un
sachet; mis à la teste appaisent les douleurs de la Migraine.

CHAPITRE II.

Des Aromats & de leurs vertus.

Du Rosmarin.

CE n'est pas sans raison que les Philosophes ont donné au Rosmarin
l'avantage sur tous les autres vegetaux;
il s'accommode aux infirmitez des hommes, il échauffe les froids, tempere les
chauds, & tient en estat les moderez,

C v

Rupeciſſa le met au rang des choſes
temperées : Avicenne, Mathiole, Dioſcoride, Dalechamps & autres, luy donnent des puiſſances & des facultez capa-
bles de regenerer l'homme, & de luy
donner des forces nouvelles. La pluſ-
part de ces Autheurs ont ignoré les preparations des ſimples, & les ont ordónez
tous crus, ou en decoctions groſſieres ;
mais s'ils en diſent tant de merveilles
eſtant mal apreſtez, qu'en pouvons nous
eſcrire & aſſurer, eſtant bien preparez,
purifiez, & détachez de leurs mauvaiſes
qualitez.

Vn Philoſophe moderne a eu raiſon
de dire, que tout homme qui aimoit la
vie devoit avoir de l'eſſence de Roſmarin en ſa maiſon, comme un Antidote
univerſel à toutes ſortes de maux. Ie
m'en ſuis ſervie heureuſement, & en ay
fait des cures admirables. L'on peut
prendre de ſon eſſence depuis ſix goutes
juſque à dix dans du vin, ou dás une cuillerée d'eau ſucrée le matin à jeun. Elle
preſerve de tout air infecté, guerit la
jauniſſe, inciſe les humeurs craſſes, ré-
jouït le cœur, chaſſe la melancholie

defopile la rate , guerit de l'Apoplexie ,
Efquinancie, Litargie fur le champ; rend
l'haleine douce , & fait le teint vermeil,
conforte l'eftomac, aide à la digeftion,
prife comme deſſus.

De l'eau de Roſmarin.

CETTE eau a prefque les mefmes
vertus que l'eſſence; mais il en faut
prendre en plus grande quantité : la doze eft de cinq à fix cuillerées. Les bains
faits d'eau de Roſmarin , côtinuez quinze jours aprés avoir efté purgé gueriſ-
fent la Paralyfie pour vieille & inveterée qu'elle foit , ralonge les nerfs racourcis , ofte l'engourdiſſement des
membres, & les fortifie , en baſſinant
les parties affligées de ladite eau tiede,
& les enveloppant d'vn linge trempé
dedans, il faut renouveller trois ou quatre fois le jour.

Teinture ou extraiƈt de Roſmarin.

ELLE fe prend en pillules le poids
d'une Drachme pour faire mourir les
vers; eftenduë en forme d'onguent fur
un morceau de cuir guerit les douleurs

qui proviennent de cauſe froide. Cet emplaſtre ne ſe doit point lever; il faut le laiſſer tomber de luy-meſme; eſtant aiguiſé de trois ou quatre goutes de ſon eſſence il eſt meilleur, & eſt bon pour les Rheumatiſmes, appliqué ſur les parties douloureuſes.

Du Sel de Roſmarin.

SON uſage eſt pour les eſtomacs foibles, & debiles, s'en ſervant pour aſſaiſonner les viandes au lieu de ſel commun; il provoque l'vrine, tuë les vers, excite les ſueurs, & purifie le ſang.

De la Sauge.

LA Sauge eſt un ſimple qui a telle ſympathie avec toutes les parties de noſtre corps, qu'elle les peut renouveller & rendre vigoureuſes : ce qui a fait dire aux Docteurs de Salerne avec aſſurance, qu'ils s'eſtonnoient qu'un homme fuſt mortel qui avoit de la Sauge à ſon jardin. Dioſcoride luy attribuë une vertu univerſelle, voicy ce que mon experience m'en a appris.

De l'Essence de la Sauge.

ELLE est un specifique pour toutes les maladies du cerveau ; elle arreste, & detourne toutes sortes de fluxions ; elle fait sortir le fruit mort , & aide la nature à le pousser dehors ; la dose est de six goutes jusqu'à dix dans une cuillerée d'eau de vie, ou eau sucrée ; elle fait concevoir la femme sterile en prenant huict matins de suite, comme il a esté dit, & s'abstenant pendant ce temps de la compagnie de son mary.

De l'eau de Sauge.

CETTE eau mondifie les playes, si on les en lave; elle noircit les cheveux, en faisant lessive, fortifie le cerveau & les membres, arreste le sang tirée par le nez, guerit les picqueures, soulage le mal des dents, referre les gensives, en lavant tout ce que dessus de ladite eau un peu chaude.

De la Teinture ou extraict de Sauge.

CETTE Teinture est bonne contre
les douleurs, froides jettée sur des
charbons ardans. La fumée prise par bas
arreste les pertes de sang des femmes.
Le poids d'un escu pris en pillules arreste le vomissement. La mesme dose di-
layée dans demy verre de vin blanc, büe
par trois matins à jeun, guerit la fievre
quarte.

Le Sel de Sauge.

CE Sel doit estre appellé Benit pour
les biens qu'il produit; il est universel pour toutes sortes de maladies
pris dans un vehicule convenable au
mal. La dose est d'un scrupule jusques
à deux : il a les mesmes vertus que l'es-
fence, l'eau & la teinture; reünissez toutes les quatre parties ensemble, & adjoû-
tez un peu de moüelle de cerf, mettez
le tout dans un vase de verre, duquel
le tiers sera vuide, & bien bouché; expo-
fez-le un mois au Soleil, & vous aurez
un Baume pour toutes sortes de playes
& de douleurs.

De l'Hysope.

LE Vegetal est un des plus necessai-res à la Medecine, particuliere-ment pour les maladies des femmes, neantmoins il s'en trouve peu de preparé comme il faut.

De l'Essence.

L'Essence est souveraine pour les maladies du poulmon provenantes de causes froides; elle guerit les passescouleurs des filles, & leur fait venir leurs purgations; elle fait vuider l'arrierefaix, qui reste aprés l'accouchement; elle aide à la respiration, & donne des forces; la dose est de huict à dix goutes prise dans son eau, ou vin blanc.

De l'eau d'Hysope.

CETTE eau sert de vehicule à son Essence; elle est propre pour toutes les maladies susdites. La dose est d'un demy verre jusques à vn verre.

De la Teinture ou extraict de l'Hysope.

IL se fait des pillules de cette Teinture aiguisée de dix ou douze goutes de son Essence. Vne Drachme de sel de Mars, une demie-Drachme de pithyme, une goute d'Essence de clou de girofle, deux de canelle, quatre grains de teinture de Safran, le tout incorporé dans trois Drachmes de teinture, desquelles l'on fera quatre prises. Elles font revenir les purgations de long-temps arrestées en les prenant le matin, il faut continuer jusqu'à guerison.

Du Sel d'Hysope.

IL a les mesmes vertus que son Essence, l'eau & la teinture.

De la Tanesie.

LA Tanesie est presque inconnuë en France, quoy qu'elle ait des qualitez tres-particulieres. Les Alemans & les Grisons s'en servent comme de Theriaque contre toutes sortes de maladies; je l'ay experimenté à toutes les maladies suivantes.

De l'Essence de Tanesie.

ELLE facilite les accouchemens des femmes, prise de dix à douze goutes dans deux cuillerées d'eau de canelle ; quatre goutes prises dans deux cuillerées de son eau fait mourir & sortir les vers. La mesme dose prise en eau de persil fait vriner facilement , dissout & rompt la pierre.

De l'eau de Tanesie.

CETTE eau n'est point desagreable, quand on a mis du miel de Narbonne dedans ; elle fait sortir les vers des petits enfans, leur en donnant à boire le matin quatre ou cinq cuillerées, trois ou quatre jours de suite dans le decours de la Lune. Au défaut de l'Essence l'on peut donner un verre de cette eau à la femme en travail d'enfant ; elle facilitera son accouchement; & si l'on prend huict matins de suite un verre de cette eau, avant que d'accoucher, & que l'on se promene une heure dans la chambre, l'on accouchera heureusement & facilement.

Teinture de Tanefie.

CETTE Teinture eſtenduë ſur un morceau de cuir appliqué ſur le ventre des enfans, fait mourir & ſortir les vers.

Du Sel de Tanefie.

LE Sel a les meſmes vertus que deſſus, pris dans un œuf ou boüillon le poids d'un demy-Scrupule, juſques à un Scrupule.

Du Thim.

GALLIEN donne des proprietez à la ſeule decoction du Thim tres-grandes, à plus forte raiſon le pur eſtant ſeparé de l'impur, on en doit eſperer d'heureux effects. Prenez une Drachme d'eſſence, deux livres d'eau, deux Drachmes de Teinture, une Drachme de Sel, meſlez le tout dans une livre de vinaigre diſtillé, faites diſſoudre dedans du miel blanc à diſcretion. Ce remede eſt pour les Aſmatiques, & pour ceux qui ne peuvent reſpirer; il aide à cracher la pourriture qui eſt dans la poi-

rine, il fait refoudre les tumeurs & enflures froides. Il refout le fang caillé, il
eft bon aux toües inveterées, il guerit
du haut-mal en continuant d'en prendre un mois entier le matin à jeun. La
dofe eft d'un demy verre. L'Effence feule eft bonne appliquée au dehors pour
les fciatiques, & goutes froides.

Du Fenoüil.

L'ESSENCE du Fenoüil, prife cinq
ou fix goutes dans un demy verre de
fon eau fortifie la veuë, & fait fortir les
vents.

L'eau eft bonne pour laver les yeux
malades, & pour faire les infufions de
Rheubarbe, & de Sené.

La Teinture prife en pillules fait fortir les vents, & fortifie l'eftomach, delayez la groffeur d'une noifette dans
une chopine de fon eau, & un Scrupule de fon Sel, ce fera un lavement admirable pour les coliques venteufes.

Son Sel eft excellent pour affaifonner
les viandes de ceux qui ont des vents.

De la Menthe ou Baume.

IL est de plusieurs sortes de Baumes ou Menthes, de rouges, blanches, cultivées & sauvages ; mais sans faire leurs discernemens, je diray de quelque façon qu'elles soient, que l'Essence en est chaude, qu'elle rend l'haleine douce & agreable, prise cinq ou six goutes le matin à jeun dans une cuillerée d'eau de Canelle ; deux ou trois goutes tirées par le nez font revenir l'odorat perdu ; son eau chaude fortifie les membres refroidis & affoiblis, les en estuvant un peu trois ou quatre fois le jour l'espace de quinze jours.

Le Sel, l'eau, l'Essence & la Teinture reünis ensemble, mis dans une phiole, exposez un mois au Soleil, deviennent un vray Baume pour toutes les playes, particulierement pour celles de la teste.

De la Ruë.

L'ESSENCE de la Ruë est un specifique pour se garantir de la peste, en prenant dans le temps de peste, tous les matins cinq ou six goutes dans une cuille-

ée d'eau de vie; elle chaffe les vents;
elle deffeche & incife les groffes humeurs, prife dans un boüillon cinq à
fix goutes.

Son eau appaife les douleurs de la poitrine, conforte la veuë, en beuvant un
demy verre le matin à jeun. Vn demy
verre de fon eau, & fept ou huict goutes de fon Effence purgent doucement
le phlegme.

Sa Teinture appliquée en forme de
cataplafme fur les cuiffes appaife les
douleurs qui proviennent de laffitude.

De la Marjolaine.

L'Essence de la Marjolaine eft excellente pour appaifer les douleurs
de tefte, prife huict à dix goutes dans
une cuillerée d'eau rofe; deux ou trois
goutes tirées par le nez fait le mefme
effet.

Son eau un peu chaude conforte la tefte, & guerit les douleurs des aureilles,
lavant lefdites parties d'icelle.

De fa Teinture meflée avec efprit de
Therebentine & cire neufve, il s'en fait
un amplaftre pour les douleurs des han-

ches, & des reins, il s'applique fur du
cuir.

Ses feüilles fechées à l'ombre reduites en poudre, prifes par le nez font
eternüer doucement, & dechargent le
cerveau.

CHAPITRE III.

Maniere de diftiller toutes fortes de Simples Aromatiques, & tendres.

J'AY refolu pour le foulagement du
Lecteur de reïterer la methode de diftiller les Simples Aromatiques, & Simples tendres, & la maniere d'en extraire les Teintures & Sels. Pour diftiller les
Aromatiques, il eft neceffaire de leur
donner un Menftruë, dautant que dans
leur bois il fe trouve de l'Effence, &
les bois ne fe peuvent piller, de plus ils
n'ont pas tant d'humidité que les Simples tendres. Vous les diftillerez dans
l'Alembic de cuivre par le Refrigeratoire, comme il eft dit au premier article de la diftillation.

Pour les herbes tendres, fi elles font
vertes, vous les pillerez dans un mortier de marbre, ou de pierre, & les mettrez fermenter trois ou quatre jours à
la cave dans un vaiſſeau de verre, ou à
ſon deffaut dans des vaiſſeaux de terre
verniſez, vous en exprimerez le ſuc par
la preſſe que vous filtrerez, & diſtillerez au Bain, faiſant le feu ſelon que l'eau
aura de la facilité à s'élever, lors qu'il
ne montera plus d'eau, ceſſez, ce qui
reſtera au fond du vaiſſeau s'appelle
Teinture ou Extraict, lequel vous ferez
evaporer juſques à conſiſtence de vin
cuit, ou miel, ou bien vous y adjoûterez
du ſucre pour en faire du Syrop, côme il
ſe fait de Bugloſſe, Bourrache, Dendive,
& autres, leſquels ont tous leurs proprietez particulieres des Extraicts ou
Teintures. Vous vous en pourrez ſervir
à former des pillules, & faire des lavemens. Vous prendrez gros comme une
noiſette de chacun de ceux qui ſont propres pour cet effect, que vous delairez
dans quelque eau convenable, & l'ai-
guiſerez des Sels deſdits ſimples, &
vous verrez que cette diſſolution aura

des effects tous autres que les decoctiós ordinaires desquelles on fait les lavemens.

Pour les herbes seches, il les faut arroufer, soit pour les diftiller, ou pour en extraire la Teinture. L'eau de pluye diftillée eft la meilleure au deffaut de l'eau cómune de riviere, la quantité doit eftre égale aux herbes, vous n'en tirerez que la fixiéme partie de l'eau que vous y aurez mife : toutes les Teintures ne fe tirent pas avec de l'eau, il faut un Menftruë, felon leurs facultez ; aux Aftringentes il faut du vinaigre diftillé, aux diuretiques du vin blanc, aux laxatifs de l'eau de Bourrache, Bugloffe, ou Cichorée ; aux fudorifiques du Chardon Benit. Il fe trouve des corps rebelles, & qui ont des qualitez veneneufes qu'il faut penetrer & corriger par l'Efprit de vin, ou des eaux aromatiques.

Des Sels.

POVR faire du Sel, il faut avoir des cendres ; c'eft pourquoy Frere Bafile Valentin a dit dans fon Traité des douze Clefs, fi tu n'as point de cendres,
dres,

dres, tu n'auras point de Sel : il faut
brûler les simples, & les rendre en cendres blanchès, & en tirer le Sel par leffive que vous ferez en cette forte. Vous
ferez chaufer de l'eau plus que tiede,
& la verferez fur vos cendres, qu'elle
furnage de fix doigts, & laiflerez refroidir, puis filtrerez & ferez evaporer
jufques à confiftence de Sel. Si voftre
Sel n'eft aflez blanc, faites le decrepiter dans un creufet, & rediffoudre dans
fon eau, ou eau commune ; filtrez, &
deffechez, comme il a efté dit tant de
fois, que vous foyez fatisfait, à la fept
ou huictiéme fois il fera fufible.

CHAPITRE IV.

Les fimples tendtes, & leurs vertus.

Betoine.

L'EAV diftillée de la Betoine tous
les matins büe à jeun le poids de
quatre onces fortifie la veuë, conforte
l'eftomac, fait vuider le fang meurtry
& caillé, & les eaux des Hydropiques,

D

mondifie la poitrine, adoucit les douleurs de la ratte, purge les ferofitez de
la tefte, & fortifie les membres. Elle
ofte la rougeur des yeux fi on les en lave, nettoye les dents, & appaife la douleur, refferre les genfives, s'en garga-
rifant la bouche eftant un peu tiede.

La Teinture meflée avec un peu de
cire pour luy donner corps, eft mer-
veilleufe pour les playes de la tefte : elle
fait fortir les efchilles, & diffout le fang
meurtry.

Ses racines infufées dans du vin blanc
du foir au matin font vomir; c'eft pourquoy il faut ofter les racines des tiges
lors que l'on veut diftiller, autrement
l'eau feroit vomitive.

Chelidoine.

CETTE eau a la vertu de faire vuider les humiditez fuperfluës, qui
font entre le cuir & la chair. Elle defen-
fle les membres biie un mois tous les
matins un demy verre avec partie égale
de vin blanc. Elle mange les tayes des
yeux, mais il la faut corriger avec une
part d'eau de plantain ou lait de femme,

& en mettre trois ou quatre fois le jour sur la taye.

Sa Teinture leve les chairs mortes, & mondifie les vlceres, incorporée avec de la cire en forme d'emplaſtre.

Morelle.

CETTE eau eſt rafraichiſſante & aſtringente; elle arreſte toutes fortes de cours de ventre, les fleurs blanches, les pertes de ſang des femmes büe ſoir & matin quatre onces à chaque priſe; il faut continuer juſqu'à gueriſon. Ses fueilles pillées & meſlées avec cendres de ferment en conſiſtence de boüillie en faire fronteau entre deux linges, appaiſe la douleur de teſte qui provient de chaleur, provoque doucement le dormir.

Sa Teinture aiguiſée de ſon Sel, appliquée ſur les excroiſſances de chair, diſſipe & guerit.

Meliſſ.

CETTE eau a des proprietez univerſelles, & eſt utile en toutes fortes de maladies; particulierement elle réjoüit le cœur, diffipe la melancholie, purifie le fang, arrefte le battement de cœur, aide à la digeftion, affermit le cerveau, tient le ventre libre, prife tous les matins le poids de trois à quatre onces.

Sa Teinture prife en pillules arrefte le devoiment: meflée avec fon fel, & de la charpie, guerit les écrouelles; il faut mettre par deffus une emplaftre de diapalma, & changer foir & matin de charpie: fonduë en forme d'onguent, appaife les douleurs de la goutte, en frotant doucement la partie malade.

Aluine, ou Abfinthe.

L'Eau tirée de cette herbe, conforte l'eftomac, rend l'haleine agreable, excite l'appetit, provoque l'vrine, fait venir les purgations aux filles, foulage les Hydropiques, defopile la ratte. La dofe eft de deux onces jufqu'à trois, dans un demy verre de vin blanc büe le matin, il faut continuer un mois.

Sa Teinture a les mefmes vertus que l'eau, prife en pillules le matin, & une heure devant fouper le poids d'une Drachme à chaque fois.

Son Sel guerit de la peste , prise en eau de rüe ; il fait vuider les eaux des Hydropiques, dissout dans du vin blanc. La dose est de vingt à trente grains.

Mille-pertuis.

L'Eau qui se tire des fleurs & des fueilles de Mille-pertuis, guerit les abcés qui viennent dans le corps, empéche la corruption, fait sortir, & mourir les vers, & empesche qu'il ne s'en forme pour l'advenir , si l'on en boit soir & matin deux onces deux fois la semaine ; elle guerit du haut mal en buvant un an de temps tous les matins quatre onces de ladite eau, & se purgeant d'agaric toutes les semaines une fois. Elle fortifie les Paralytiques, s'ils en usent long-temps , & s'ils frotent les parties paralytiques d'Essence de Rosmarin , ou de l'eau de la Reine de Hongrie ; elle arreste le crachement de sang, meslée partie égale d'eau d'hysope avec du miel blanc.

Sa Teinture dans laquelle on aura dilayé de la poudre de chaux vive , arreste la gangrene , & separe la chair morte

d'avec la vive, meflée avec emplaftre,
dont on panfe les playes, les preferve
de gangrene : de fes fleurs avec huile
d'Olive & efprit de Terebentine fe
fait un Baume, qui guerit les coupures
& meurtriffeures.

Son Sel a mefmes vertus que l'eau &
teinture : diffout dans fon eau le poids
d'une Drachme , le mefme poids diffout dans un verre de vin d'Efpagne
guerit foudain la pleurefie.

Violette.

L'Eau de fueilles, & racines de Violette tempere les ardeurs de la colere ; elle rafraichit, fait dormir, appaife
les douleurs de tefte, adoucit les ardeurs
de la poitrine, defaltere, & defopile le
foye, guerit la jauniffe en buvant matin
& foir un grand verre, dans lequel on
diffoudra un peu de fucre.

Ses racines , infufées une nuiĉt dans
un verre de vin blanc, exprimé & bu le
matin , purgent doucement.

Sa graine reduite en poudre le poids
d'une demie-once, prife dans un verre
de fon eau fait faire trois ou quatre felles fans tranchées.

Sa Teinture est bonne pour allier les poudres, desquelles on veut former des pillules, & pour delayer dans des lavements rafraichissants. L'on la peut aussi appliquer sur les parties où il y aura inflammation, meslée auec les quatre farines, & en faire cataplasme.

Pourpier.

CE T T E eau est fort rafraichissante; elle desaltere ceux qui sont travaillez de la soif; dans les fiéures ardantes, elle fait dormir. Son usage doit estre moderé; car elle est nuisible à l'estomac. La doze est de deux à trois cueillerées dans un verre d'eau commune.

Laictuë.

IL faut se servir de cette eau avec grande circonspection, & corriger sa froideur par le sucre, ou par quelque aromatique. Elle est dangereuse, prise en trop grande quantité. Elle rafraichit beaucoup, & fait dormir.

Cichorée.

CETTE eau a de grandes avantages; elle rafraichit & fortifie l'estomach, excite le sommeil doucement, réjoüit le cœur, purge la ratte, tient le ventre libre. Elle est excellente à faire les infusions de Séné & de Reubarbe, meflée avec partie égale de Fenoüil.

Fraisier.

L'EAV de fueilles & racines de Fraisier est cordiale & rafraichissante, & peut estre beüe en tout temps, & en toutes maladies où il y a ardeur du foye. Elle n'a aucune mauvaise qualité, conserve l'embon-point, fortifie & tient le teint frais.

Bourrache & Buglosse.

CES deux herbes ont beaucoup de rapport entre-elles: Elles ont les mesmes vertus, & sont mises au nombre des cordiales. Elles rafraichissent sans accident, fortifient & purgent doucement. La dose est de trois à quatre onces, beüe le matin.

Ozeille

L'VSAGE de cette eau a la vertu de guerir les Catarres de quelque na - ture qu'ils soient : il en faut prendre le matin quatre onces, & continuer un mois de temps. Il faut la faire chauffer, & dissoudre dans chaque prise une cuillerée de miel blanc : Il faut viure de regime pendant ledit temps, & se purger deux ou trois fois, selon le lieu, ou la partie malade.

Chardon benit.

CE n'est pas sans sujet que cette Herbe porte la benediction avec elle. Son eau est confortative ; elle pousse les mauvaises humeurs au de- hors par les sueurs, renouvelle les for- ces. L'on en peut prendre depuis qua- tre iusques à six onces. Il est bon d'en donner à ceux qui ont la fiéure, & qui ont peine à suer à la fin de leur accés.

Son Sel est sudorifique; une drachme dissout dans un verre de son eau, fait suer abondamment.

Mauves.

CETTE eau est bonne pour des personnes enroüées, qui ont peine à
parler. Il en faut boire le matin un verre avec du sucre ; & le soir, deux heures
apres le repas autant. Elle aide les femmes dans leurs accouchemens, si elles
en prennent quatre onces avec une once d'huile d'amande douce. Elle appaise
la douleur des aureilles, & guerit de la
sourdité nouvellement arrivée, si l'on
la mesle avec jus d'oignon , & eau de
Morelle, partie égale. Il la faut chauffer, & mettre trois ou quatre gouttes
dans l'aureille, & tremper un morceau
de coton, & le mettre dessus le soir en
se couchant. Il ne se faut pas coucher
sur le costé où l'on a mis le remede. En
cas que toutes les deux aureilles fussent
malades, l'on mettra le soir à l'une , &
le soir suivant à l'autre. Il se fait une
emplastre de sa Teinture , de celle de
bois de Sault, therebentine de Venise,
partie égale, avec un peu de cire: pour
les playes où il y a inflammation , il
faut delayer gros comme une noisette

de fa Teinture dans la decoction des lavemens.

Guimauves.

L'EAV des fueilles & des racines de cette herbe, le poids d'une once, avec une once d'huile d'amande douce, beüe le matin un mois de temps, appaise les ardeurs de l'urine, & fait fortir le fable qui fe trouve dans la Veffie. Ses fueilles cuites dans du gros vin, avec une once de miel en confiftence, un peu époiffe, étenduë fur de la filaffe rouffie, appliquée fur les mammelles enflées & dures, les amollit & refout les apoftemes. Il en faut appliquer trois ou quatre fois le jour, & continuer.

Parietaire.

L'EAV de Parietaire eft rafraichiffante, büe le poids de deux à trois onces; lafche l'urine fupprimée, guerit les échauffures qui viennent en la bouche, appaife la douleur des dents, fi on la tient dans la bouche vn peu chaude.

Sa Teinture meſlée avec graiſſe de chappon guerit les bruſlures, Il en faut appliquer trois ou quatre fois le jour avec une plûme. Elle reſout les apoſtemes des mammelles, diſſipe les inflammations, arreſte les douleurs de la colique, appliquée ſur les mammelles & ventre, comme deſſus.

Son Sel pris le poids d'une drachme dans un boüillon, provoque les ſueurs.

Fume-terre.

L'EAV de Fume-terre eſt laxative, purge la bile, fortifie le foye, & le deſopile ; guerit les fiéures bilieuſes, diſſipe les humeurs coleriques & aduſtes ; conforte les membres, & les affermit, priſe le poids de quatre onces le matin dans un boüillon. Elle nettoye le cuir de toute galle & rougeur, éclaircit les yeux ſi on les en lave.

Sa Teinture en conſiſtence de pillules, priſe le poids de deux drachmes, purge la bile.

Son Sel diſſout dans un boüillon, le poids d'une drachme, fait le meſme effect,

Plantain.

L'EAV de Plantain guerit les opi-
lations de foye, & de la ratte. Elle
rafraichit le sang échauffé, reserre le
ventre, preserve des hemorroïdes,
guerit les ulceres du poulmon, arreste
le crachement de sang, chasse les fiéures tierces, en beuvant trois ou quatre
matin, depuis quatre iusques à six onces. Elle guerit & desseiche les playes
nouvelles, en les lavant trois fois le
jour de ladite eau ; appaise les douleurs
de la bruslure, mettant un linge trempé dedans sur la partie bruslée, qu'il
faudra souvent renouveller.

Sa Teinture en consistence d'extraict,
animée de son Sel, appliquée sur une
playe nouvelle, pourveu qu'elle ne soit
profonde que d'un demy-doigt, les
guerit en cinq jours.

Cerfeuil.

CETTE eau purifie le sang, fait vuider les eaux des hydropiques, appaise les douleurs de costé, fait sortir
la pourriture de dedans le corps, tuë

les vers, fortifie l'eſtomac, büe le matin un grand verre. Il eſt neceſſaire de ſe promener moderément apres l'avoir büe.

Perſil.

L'EAV de Perſil eſt admirable pour décharger les reins, & faire vuider le ſable : Il en faut boire un verre le matin, dans lequel on mettra deux gouttes d'eſprit de vitriol. Elle nettoye & conforte l'eſtomac, & tient le ventre libre.

Ioubarbe.

CETTE eau eſt fort froide : elle amortit les ardeurs de la fiéure chaude, guerit les ulceres des boyaux, appaiſe la douleur de teſte, arreſte toute ſorte de flux, priſe le poids de quatre à cinq onces.

Sa teinture repercute les apoſtemes chaudes, appaiſe les douleurs de la goutte provenante de chaleur ; meſlée avec huile roſat, guerit les bruſlures.

CHAPITRE V.

Maniere de distiller les Fleurs des Simples.

Des Roses.

IL est de plusieurs sortes de Roses, de rouges, d'incarnates, de blanches, de sauvages, appellées Roses de chien; lesquelles ont toutes leurs proprietez particulieres. La façon de les distiller est commune: chacun en use comme il luy plaist; pour moy voicy ma methode.

Prenez des Roses à discretion, & les nettoyez de toutes sortes d'ordures, que vous pillerez dans un mortier de marbre, ou de pierre ; & les mettrez dans un vase de verre bien bouché fermenter huit ou dix jours dans la cave, jusqu'à ce qu'elles commencent à s'aigrir. Alors exprimez lesdites Roses sous la presse, dans un sac de toile bien forte : filtrez ladite expression, & la distillez au bain ; & luttez toutes les

jointures de vos vaiſſeaux, & faites un
petit feu au commencement; car la premiere eau qui môte n'eſt que phlegme,
& n'eſt pas odoriferante, mais bien
celle qui tient le milieu. Mettez la premiere, ſeconde, & troiſiéme à part, &
vous verrez que la ſeconde a plus de
force & d'odeur. Pour ce qui reſte au
fond de voſtre vaiſſeau, en conſiſtence
de ſyrop, eſt une Teinture, qui a les
meſmes facultez que le ſyrop de Roſes.
Il ſe garde pluſieurs années ſans ſe gâ-
ter, bien qu'il ſoit ſans ſucre. J'ay experimenté pluſieurs fois qu'il eſtoit
plus purgatif que le ſyrop vulgaire.
Pour voſtre Eau-roſe, vous la pourrez
rectifier ſur de nouveau ſuc de Roſes,
& la faire circuler, comme l'eſprit de
vin, pour la rendre plus ſpirituelle.

Prenez le marc des ſuſdites Roſes, &
le remettez dans le vaiſſeau de verre;
& verſez par deſſus de l'eau commune,
qu'elle ſurnage de deux doigts, & boucherez & mettrez fermenter à la cave
quinze jours : puis exprimez, filtrez &
diſtillez comme au precedent, & vous
aurez encore de meilleure Eau-roſe que

celle qui se vend communément. Faites
secher vostre marc, & le bruslez, pour
en tirer le Sel par lessive, & ranimerez
vostre Eau dudit Sel. Elle se gardera &
conservera plusieurs années.

Cette Eau a des qualitez tres-utiles :
Il se fait peu de médicaments dans lesquels elle n'entre en composition :
son usage frequent fait connoistre ses
vertus.

De la Teinture de Roses.

CE qui est resté au fond de vostre vaisseau apres vos distillations,
est une Teinture, laquelle est purgative. Il est une autre sorte de Teinture de Roses, laquelle est fort commune. Elle se fait en cette façon: Prenez
une once de Roses rouges seches ; versez dessus deux liures d'eau dans un
vaisseau de verre, ou de grais : adjoûtez-
y une demy drachme d'esprit de soufre, ou de vitriol; couurez vostre vaisseau, & le mettez infuser sur des cendres chaudes, dans quatre heures vous
aurez une Teinture fort rouge , que
vous filtrerez par le papier broüillart,

ou chauffe d'hypocras , & diſſoudrez
du ſucre à diſcretion.

Cette Teinture eſt bonne pour toutes les maladies du foye , aux fiévres
ardantes , aux exceſſives chaleurs ; aide
à la digeſtion , conſerve l'embon-point,
purifie le ſang, en beuvant deux ou trois
verres par jour.

Conſerve de Roſes.

PRENEZ des Roſes de Provins, les
boutons à demy ouverts : couppez
les ongles avec des ciſeaux, & les pilez
dans un mortier de marbre , tant qu'ils
deviennent comme de la pâte : Par chaque livre mettez deux livres de ſucre,
ou caſſonade en poudre ; incorporez
bien le tout enſemble ; & puis les mettez dans une Cucurbite de verre, que
vous couvrirez d'un Alembic aveugle:
lutterez bien les jointures , que vous
laiſſerez ſecher ; puis mettrez vos vaiſſeaux dans du ſable en la cave, & les y
laiſſerez quarante jours : apres leſquels
vous retirerez vos vaiſſeaux , & mettrez vôtre Conſerve dans des vaſes
propres pour la garder.

Sa vertu eft un remede pour toutes
les maladies du poulmon : Elle conforte l'eftomac, aide à la digeftion, provoque doucement le dormir. Il en faut
prendre foir & matin gros comme une
noix.

De l'huile de Rofes.

VOvs prendrez des Rofes paffes,
que vous ferez fecher à demy entre deux fachets ; puis les mettrez infufer au foleil dans une phiole de verre,
avec de l'huile d'oliue qui foit claire,
& fans odeur, qu'elle furnage la hauteur de quatre doigts ; & les laiffez infufer quinze jours : puis tirez voftre-
dite huile, & Rofes, & les exprimez,
& remettrez de nouvelles Rofes dans
voftre phiole au foleil, le plus que vous
pourrez ; & verfez voftre fufdite huile
deffus, & remettrez au foleil : reïterez
cette operation jufques à trois fois, &
laiffez voftre phiole au foleil, le plus
que vous pourrez. Il faut qu'il y ait
l'efpace de quatre doigts de vuide à
voftre phiole, & que le bouchon foit
de parchemin, percé de trous d'épin-

gle, afin que les phlegmes fe diffipent.

Ses vertus font affez connuës, c'eft pourquoy je les paffe fous filence.

Le Miel-rofat fe fait comme le violat; dont il fera parlé cy-apres.

De la Violette.

PRENEZ vos fleurs de Violettes, & les épluchez, comme pour faire fyrop; que vous pilerez, ferméterez, exprimerez, & filtrerez côme les rofes; & diftillerez au bain jufques à ce qu'il ne monte plus rien. Deux cueillerées de cette eau, mife dans un verre d'eau d'orge, rafraichiffent plus que deux onces de fyrop violat. Elle fortifie l'eftomac, engraiffe, fait dormir. Elle eft bonne à toutes fortes d'âges, & de perfonnes. L'on peut changer de vehicule. On la peut prendre dans un boüillon, ou dans du vin; felon la difpofition & temperament de la perfonne. Vous pourrez remettre de l'eau fur voftre marc, que vous mettrez fermenter cinq ou fix jours; puis diftillerez comme au precedent. Cette eau n'a pas tant de force que la premiere : auffi elle fe prend feule avec un peu de fucre. Il en faut boire le matin un verre.

Sa Teinture, reftée au fond du vaiffeau, eft une maniere de fyrop ; auquel on peut adjoufter du fucre pour le rendre plus agreable. Deux cueillerées purgent doucement.

Il eft de plufieurs fortes de fyrops violats, que je fupprime : je me contente d'écrire la maniere de le faire fans feu. Vous prendrez des Violettes bien épluchées, que vous pillerez dans un mortier de marbre, avec partie égale de fucre fin. Lors que tout fera bien incorporé enfemble, vous le mettrez dans un Matras, auquel vous en joindrez un autre, de forte que celuy dans lequel font vos Violettes entre dans celuy qui doit fervir de recipient. Luttez-les bien enfemble, avec du papier & de la colle, & les laiffez fecher. Vous les mettrez trois jours fermenter dans la cave ; & puis les expoferez au foleil, en lieu où il foit la plus grande partie du jour ; & placez vos vaiffeaux de façon qu'ils foient en penchant, afin que le firop puiffe tomber dans celuy de

deſſous. Le ſucre & le ſuc des fleurs
diſtilleront enſemble doucement, & le
ſyrop ſe cuira au ſoleil dans quinze
jours. L'operation ſera faite ; le marc
reſtant au fond , eſt propre pour faire
du miel.

Miel Violat.

VOVS prendrez voſtre maſſe, ou
les éplucheures de vos Violettes,
que vous mettrez dans telle quantité de
miel qu'il vous plaira, que vous aurez
premierement fait boüillir , & écumé.
Vous les ferez boüillir enſemble environ un quart d'heure ; puis les paſſerez
tous chauds dans un linge, & l'exprimerez ſous la preſſe , & l'expoſerez
quinze jours au ſoleil. Vous vous en
ſervirez à ſon uſage.

Il s'extraiĉt auſſi une Teinture des
Violettes par l'eſprit de ſoufre, ou de
vitriol , de la meſme façon que celle
des roſes.

L'huile Violat ſe fait comme l'huile
Roſat.

Eau clairette de Violette.

PRENEZ de l'esprit de vin, dans lequel vous mettrez infuser des fleurs deViolettes bien épluchées, & nettes, dans un vaiſſeau de verre ; que l'esprit de vin ſurnage de quatre doigts les fleurs: faites infuſer au Bain juſques à ce que les fleurs déviennent blanches ; voſtre eſprit ſera rouge, que vous filtrerez par la chauſſe d'hypocras, & le remettrez ſur de nouvelles fleurs, comme deſſus. Vous adjouſterez un ſachet de linge, dans lequel il y aura de la canelle concaſſée. A cette ſeconde infuſion, voſtre eſprit deviendra violet, que vous filtrerez comme au precedent. Vous diſſoudrez du ſucre à diſcretion dans de l'eau-roſe ; puis le mettrez avec voſtre eſprit, que vous expoſerez au ſoleil le plus long-temps que faire ſe pourra. Cette eau a la vertu de conforter l'eſtomac, d'aider à faire cracher les phlegmes, & d'appaiſer la toux. Sa doſe eſt d'une cueillerée.

Fleurs de Nenuphar.

L'EAV de fleurs de Nenuphar raïfraichit ; elle fait dormir ; elle eſt bonne aux ardeurs de la fiévre ; deux cueillerées meſlées dans un verre de ptiſanne. Elle arreſte la diſſenterie, & les fleurs blanches , buë le poids de quatre onces, trois matins de ſuite. Elle appaiſe les gouttes qui proviennent des cauſes chaudes, & ſoulage la douleur de teſte.

Sa Teinture, en conſiſtence d'extrait, avec de la cire , fait une emplaſtre pour les inflammations , rafraichit les parties, & repercute les humeurs.

L'on fait du miel de ſes fleurs, pour les lavemens rafraichiſſans, qui ſe fait comme le violat.

Fleurs de Bourrache , & de Bugloſſe.

LES eaux des fleurs ont quelque choſe de plus ſpirituel, & de délicat, que celles qui ſe tirent des fueilles, tiges & racines : Celles des fleurs de Bourrache & Bugloſſe ſont meilleures que

que celles de leurs fueilles. Elles font cordiales , ftomacales , & tiennent le corps en bon eftat. Elles purifient le fang , ouvrent l'appetit , excitent les fueurs, diffipent la bile, en beuvant un verre une fois ou deux la femaine.

Leurs teintures prifes le poids de deux drachmes, lafchent le ventre doucemét.

Fleurs de Pefcher.

L'Eav diftillée des fleurs de Pef-cher, purge autant que fon fyrop; mais il en faut prendre en plus grande quantité.

La dofe eft de trois à quatre onces. Vne drachme de fa teinture, en confi-ftence d'extraiᶜt, purge la bile & les ferofitez : fi l'on brufle fon bois & fes fueilles pour en faire le Sel , pour rani-mer fon eau , fur une pinte demie once dudit Sel , elle en fera plus purgative.

Fleurs de Pavot Rheas rouge.

Vovs émonderez les fueilles de vos Pavots, que vous pillerez & diftillerez au Bain , comme les prece-dentes. Cette eau appaife les douleurs,

E

& fait dormir, prife le poids d'une once : appliquée fur les inflammations,
elle les amortit, & rafraichit les parties. Elle appaife la douleur de tefte,
provenant de fiévre chaude.

Sa teinture fait dormir, prife le poids
d'une drachme.

Fleurs de Camomille.

VOvs ofterez feulement les queües
de vos fleurs, que vous pillerez
& diftillerez comme les autres. Les vertus de cette eau font admirables pour
les ulceres, apofthemes, & douleurs
interieures, büe le matin & le foir un
verre. Elle mondifie les ulceres exterieures, appaife les douleurs des membres, affouplit les nerfs tendus, l'appliquant deffus un peu chaude, & enveloppant les parties malades d'un linge
trempé dedans, le plus chaud que l'on
pourra fouffrir: & lors qu'il refroidira,
il faut le renouveller.

Sa teinture, en confiftence d'extrait,
prife par la bouche le poids d'une
drachme, a le mefme effet ; & appliquée
par le dehors en cataplafme, appaife les

douleurs des nerfs & des jointures: delayée dans les lavemens avec de la teinture de Mille-pertuis, guerit les ulceres des boyaux.

Son huile se fait par infusion, comme celle des roses.

Fleurs de Sureau.

CETTE eau a la vertu de faire vuider les eaux des hydropiques, en beuvant matin & soir le poids de quatre onces un mois entier. Elle excite les fleurs en prenant trois onces, en se mettant au lict; & purifie le sang.

Sa teinture, en consistence de pillules, le poids de deux drachmes, dans lequel on incorporera trente grains de Jalap, purge les hydropiques, & leur fait vuider les eaux. Ils doivent se purger souvent.

Fleurs de Soucy.

CETTE eau est excellente pour fortifier, éclaircir, & oster la rougeur des yeux, appliquant une compresse trempée dedans le soir, & luy laissant toute la nuit. Il faut continuer neuf

jours. Elle appaife la douleur des mammelles par fomentation.

Sa teinture, meflée avec huile d'olives & beurre-frais, partie égale, mife
dans une phiole de verre, expofée par
quarante jours au foleil, eft un baume
pour toutes les douleurs de membres,
de nerfs, & de jointures. Elle s'applique tiede.

Fleurs de Bouillon-blanc.

IL faut piller les fleurs de Boüillon-
blanc, & les imbiber de vin blanc,
qui les furnage de trois doigts, & les
mettre fermenter à la cave trois femai-
nes, puis il les faut exprimer, filtrer,
& diftiller au Bain. Cette eau appaife
les douleurs de la goute, & de la poda-
gre. Il en faut boire le matin un verre,
& en bafliner la partie malade, le plus
chaud que l'on pourra. De la mefme
eau, mife un peu chaude dans la bouche, appaife la douleur des dents.

Sa teinture eft aftringente : elle arrefte le dévoiment; & délayée dans des
lavemens, referre.

Fleurs d'Orange.

VOus mettrez vos fleurs d'Orange, sans autre preparation, dans une Courge de verre, & les presserez un peu, afin qu'elles ne tiennent pas tant de place. Luttez bien le Chapiteau & le Recipient, de peur que les esprits ne se perdent : distillez au Bain boüillant, jusques à ce qu'il ne monte plus rien. Tirez le Sel de la masse, & ranimez vostre eau, & l'exposez au soleil, bouchée d'un parchemin percé, comme il a esté dit.

Cette eau arreste les suffocations qui proviennent de la matrice. L'on en peut prendre une once jusques à trois, dans le commencement de l'accés. De plus, elle provoque les vomissemens sans effort.

Huile de fleurs d'Orange.

VOus ferez infuser des fleurs d'Orange dans de l'huile de Ben, d'amandes douces, ou des quatre semences froides, tirée sans feu dans un vaisseau de verre ; que l'huile surnage de

E iij

quatre doigts lesdites fleurs. Bouchez
voftre vaiffeau, & faites voftre infufion
au foleil, ou au Bain tiede trois ou quatre jours : apres lefquels vous pafferez,
& exprimerez voftre huile du marc de
vos fleurs, & en remettrez de nouvelles,
& ferez comme au precedent. Reïterez
trois ou quatre fois, jufques à ce que
voftre huile foit tres - odoriferante.
Vous l'expoferez au foleil, comme il a
efté dit de l'huile de Rofes.

Fleurs de Iafmin.

L'EAV & l'huile de fleurs de Iafmin
fe fait comme celle de fleurs d'O-
ranges.

Fleurs de Mille-pertuis.

CETTE eau fe tire comme les deux
precedentes. L'huile fe fait auffi de
mefme, à la referve qu'il faut à celle-
cy de l'huile d'olive. Ses vertus font
efcrites au Chapitre des Simples tendres.

Fleurs de Febves.

L'EAV des fleurs de Febves fe fait
comme il a efté dit de la fleur d'O-
ranges.

CHAPITRE VI.

Des Eaux de fruits, & la maniere de les distiller.

Pommes de Reinette.

IL est juste de commencer ce Chapitre par la Reine des fruits. Ce n'est pas sans raison que nos Anciens luy ont donné le nom de Renette. Elle a des vertus tres-particulieres pour l'entretien de nostre santé, elle contribuë à la rétablir. Vous coupperez vos pommes par tranches tres-minces, & en osterez les pepins, & les mettrez lict sur lict dans une Cucurbite de verre, que vous remplirez pour le plus des deux tiers. Luttez la Cape & le Recipient, & distillez au Bain boüillant, & continuez jusqu'à ce qu'il ne monte plus rien. Cette eau est agreable : elle rafraichit, & humecte : elle est amie du poulmon : elle conserve l'embon-point, fait dormir, desaltere, & tient le corps en bon

E iiij

eſtat. L'on y peut adjouſter du ſucre , &
en faire une Limonade. La doſe n'eſt
point limitée ; car elle n'eſt point nuiſible. Elle oſte les inflammations des
yeux ſi on les en lave.

Les feces, reſtantes apres la diſtillation, cuites en conſiſtence d'extraict, &
meſlées avec partie égale de miel, font
avancer les bubons, & apoſtemes.

Syrop de pommes de Reinette cruës, tirées ſans feu.

PRENEZ des pommes de Reinette, pelez-les , & les couppez par
tranches tres-minces, & les rangez dans
un plat-baſſin. Couvrez-les de ſucre
pillé , & les arroſez d'un peu d'eau-
roſe. Mettez le plat en lieu humide, &
le placez de façon qu'il ſoit en pan-
chant. Mettez un vaiſſeau deſſous pour
recevoir la liqueur qui en dégoutera :
en douze heures tout le ſyrop ſera tombé. Il eſt excellent pour les maux de
gorge , & pour les maladies du poulmon. Il humecte & rafraichit les chaleurs de la bouche , provenantes des
ardeurs de la fiévre.

Fraises.

LE s Fraises se distillent en deux manieres, au Soleil, & au Bain. Pour
les deux operations, il faut piler le fruit,
& le mettre fermenter à la cave. Celles
que vous voudrez distiller au Soleil,
vous les mettrez dans des vaisseaux,
comme il est dit à l'Article du Syrop
violat tiré sans feu.

Cette eau est bonne pour conserver le
teint, & pour oster les taches du visage.
L'autre maniere de distiller est au Bain.
Cette eau est bonne contre toutes sortes
de venins. Elle provoque les purgations, fortifie l'estomac, si l'on en boit
un demy verre au matin. Si on lave les
yeux larmoyeux de cette eau, apres
avoir esté purgé, elle les desseche, &
arreste la fluxion.

Des poires & pommes de Coin.

CETTE eau se tire comme celle des
pommes de Reinette. Elle est astrin-
gente : elle arreste la dysenterie, & la
diarrhée. Elle conforte l'estomac, aide
à la digestion. L'on peut faire marme-

E v

lade de ce qui refte au fond du vaiffeau.
Apres la diftillation, il y faut mettre du
fucre , & luy faire faire un ou deux
boüillons. Elle eft bonne pour les maux
d'eftomac.

Groifeilles rouges.

L'EAV de Groifelles fe fait comme
celle de Fraifes. Il faut fermenter,
exprimer , filtrer , & diftiller au Bain
boüillant. Si vous mettez quatre pintes de fuc dans la Cucurbite, vous en
tirerez deux par la diftillation : & dans
les deux autres reftantes, vous mettrez
du fucre cuit, & vous aurez une belle
& excellente gelée. La vertu de l'eau
eft de rafraichir, & de defalterer. Elle
excite le fommeil, & humecte le poulmon. Elle eft bonne aux fiévres ardantes, & fort utiles dans les grandes chaleurs.

Noix vertes.

COVPPEZ les Noix vertes par tranches, & les mettez lict fur lict dans
voftre Cucurbite, que vous remplirez
pour le plus des trois parts. Diftillez au

Bain boüillant, jufqu'à ce qu'il ne monte plus rien. Mettez l'eau au Soleil, bouchée d'un parchemin troüé d'épingles,
pour diffiper le flegme. Le temps de
faire cette eau eft dix ou douze jours
apres la Saint Iean. Cette eau eft un
fouverain remede contre la pefte , &
contre les maux d'eftomac , & de cœur.
Elle provoque les fueurs : elle diminuë
l'ardeur des fiévres chaudes : elle guerit le mal caduc, les vertiges, ou tour-
noyements de tefte, la paralyfie. Elle
rafraichit le foye , chaffe les eaux des
hydropiques, büe avec le vin blanc, &
un peu de crefme de Tartre. Si on continuë fon ufage durant trente jours, elle
détache les phlegmes, & humeurs vifqueufes des inteftins, & chaffe les ven-
tofitez. Elle tuë les vers, en gargarifme.
Elle ofte la corruption des genfives, &
la pourriture des dents; & rend l'haleine bonne exterieurement. En frottant
les tempes, elle provoque le fommeil.
Elle eft un fouverain remede pour les
playes, ulceres, contufions, & contribuë à embellir le vifage, & ofte les taches du cuir: & l'on tient mefme qu'elle

eſt admirable pour les abcés, apoſthe-
mes, & fiſtules du dedans du corps. Sa
doſe, pour l'ordinaire, eſt de deux à
trois cuillerées.

Fruicts Dalchichange.

VOvs prendrez les fruicts d'Alchi-
change qui ſont enfermez dans
une petite cloche ; vous les pillerez,
fermenterez, exprimerez, filtrerez, &
diſtillerez au Bain, juſques à ce qu'il ne
diſtille plus rien. C'eſt un aſſeuré remede pour faire ſortir l'urine ſupprimée.
Elle fait vuider le ſable des reins, & de
la veſſie. Sa doſe eſt de deux onces juſques à trois, dans un verre de vin
blanc.

Sa teinture, en conſiſtence d'extraict,
priſe le poids de deux drachmes, fait les
meſmes effects de l'eau.

Noiſettes rouges.

VOvs caſſerez vos Noiſettes, & en
prendrez les fruicts, que vous
pillerez, & mettrez diſtiller ſeules, ſi
elles ſont vertes. Si elles ſont ſeches,
vous leur donnerez pour menſtruë de

l'eau de Noix vertes diftillées, & les ferez infufer vingt-quatre heures au Bain. Apres, diftillez jufques à ficcité. Exprimez les feces qui refteront au fond fous la preffe, pour en extraire l'huile.

Cette eau eft un affeuré remede contre la courte-haleine, en prenant matin & foir deux cuillerées avec un peu de fucre Rofat.

L'huile empefche les cheveux de blanchir, & les teint en blond, fi on les en frotte plufieurs fois.

Melons, Citroüilles, Courges, & Concombres.

LEs eaux qui fe tirent de ces quatre fruits, ont les mefmes qualitez & vertus. Elles fe diftillent d'une mefme maniere. Vous les coupperez par tranches, & en ofterez les femences, & diftillerez comme les pommes. Ces eaux font rafraichiffantes. Elles arreftent toutes fortes de flux, font dormir. Elles font bonnes pour tremper le vin dans les grandes chaleurs, & ne font pas fi nuifibles que la glace. Elles fervent à laver & purifier les gans, pour tenir les mains fraiches.

Meures.

VO v s procederez à la distillation des Meures, comme à celle des Fraises. Cette eau est pour les maux de gorge, & pour laver les ulceres de la bouche. Elle affermit les dents, & resserre les gensives.

Sa teinture, avec du sucre, arreste le dévoyement. La dose est de trois ou quatre cuillerées.

CHAPITRE VII.

Des Teintures & extraicts.

Teinture de Reubarbe.

PRENEZ de bonne Reubarbe, & la couppez par petites tranches, & les mettez dans un vaisseau de verre. Versez dessus de l'eau de Cichorée, ou d'Endive, qu'elle surnage de quatre doigts. Bouchez vostre vaisseau, & le

mettez en digeftion au Bain, jufqu'à ce
que voftre eau foit teinte. Verfez par
inclination voftre teinture , & mettez
de nouvelle eau deffus ce qui refte dans
vofter vaiffeau. Faites infufer comme
au precedent, & continuez jufqu'à ce
que voftre eau ne fe teigne plus. Prenez
toutes vos Teintures , & les filtrez, &
les mettez dans une Cucurbite : retirez
l'eau par diftillation au Bain ; la Teinture demeurera au fond , que vous garderez pour vous en fervir. Si vous en
voulez former pillules, vous la ferez
evaporer en confiftence d'extraict.
Quoy que les Teintures foient plus pures que les chofes d'où elles font extrai-
tes ; elles doivent neantmoins eftre prifes le mefme poids que devant leur pu-
rification ; dautant que plus les remedes font purifiez, & moins ils font vio-
lents.

Les vertus de cette Teinture font de
purger la bile, & la pituite tartarée &
vifqueufe du ventricule , & des parties voifines. C'eft un fpecifique pour
le foye. Il guerit la jauniffe, & fortifie
apres avoir purgé ; c'eft pourquoy l'on

s'en fert avec heureux fuccés dans les dyfenteries, diarrhées, & autres flux où il faut de l'aftriction.

Teinture de Senné.

TOVTES les Teintures s'extrayent d'une mefme façon par infufions & digeftions; mais les menftruës font differétes pour extraire celles du Senné. Prenez de l'eau de Fenoüil, Anis, Bugloffe, Bourrache, ou Cichorée, comme il vous plaira. Il n'eft que trop connu que le Senné eft le plus ufité de tous les remedes purgatifs; mais il eft plus fingulier de fçavoir qu'il purge les humeurs bruflées & careufes, la bile & la pituite, foit dans le cerveau, ou dans le foye, ou la ratte, & mefme par un ufage continu, les parties les plus efloignées. Il excite quelquefois des tranchées : il eft à propos de le corriger avec de la Canelle, ou du Zingenvre.

Teinture, ou Fecule d'Agaric.

CETTE operation fe doit plutoft appeller Fecule que Teinture, dautant qu'il ne rend aucune Teintue, &

a fort peu de liaiſon. Elle s'extraict comme celle de Reubarbe , avec eſprit de
vin. Ses vertus ſont de purger la pituite ſubtile , & les humeurs viſqueuſes de
tout le corps; mais principalement des
poulmons , du cerveau, & du mezen-
tere.

Teinture de Safran.

VOvs extrairez cette Teinture
comme la precedente , avec eſprit
de vin. Elle eſt amie du cœur, & du
poulmon. Elle a une grande familiarité
avec tous les autres viſceres, & particulierement avec la matrice. Elle ouvre,
digere , & ramolit : appaiſe les douleurs, excite le ſommeil , provoque les
mois , & aide à faire ſortir l'enfant.
L'uſage de cette Teinture eſt tres-fre-
quent dans l'apoplexie , les vapeurs de
la matrice, la jauniſſe, l'aſthme, & dans
toutes les maladies veneneuſes, & malignes. La doſe eſt de cinq à ſix gouttes
dans quelque eau convenable.

Teinture d'Elebore noir.

L'ON se sert d'esprit de vin pour extraire les Teintures des Mixtes difficiles à penetrer. L'Elebore a besoin d'un menstruë penetrant, c'est pourquoy il faut que l'esprit soit bon. Vous coupperez le bois par petites pieces, & pratiquerez comme vous avez fait cy-dessus. Ses vertus sont de purger toutes les humeurs melancholiques, & par consequent toutes les maladies qui en proviennent, comme sont la manie, la folie, les passions hypochondriaques, les vertiges, les cancers; la fiévre quarte, l'apoplexie, l'epileptie, les galles & gratelles noires, & autres maladies de mesme genre : Mais il faut considerer la force des malades auant que de s'en servir. Il est à propos de consulter un prudent Medecin, dautant que le remede est violent.

Teinture de Coloquinte.

VOVS coupperez les pommes de de Coloquinte, & vous vous servirez pour menstruë d'eau de Rosmarin. Faites digerer au Bain comme aux operations, precedentes, jusques à ce que vos pommes soient dissoultes ; que vous exprimerez, & retirerez au Bain voftre eau de Rofmarin , la Teinture reftera au fond du vaiffeau. Elle a la vertu de tirer la pituite groffiere & vif-queufe des parties les plus profondes & efloignées du corps, comme du cer-veau, des nerfs, & des jointures. Et pour cet effect elle eft ordonnée aux verti-ges , aux migraines , à l'apoplexie , & à l'epilepfie. La dofe eft de fix grains juf-ques à douze. Son ufage n'eft que pour les perfonnes fortes & robuftes , par-ce qu'elle eft ennemie du ventricule, & des inteftins.

Teinture d'Aloës.

METTEZ voftre Aloës dans un vaif-feau de verre : verfez deffus quel-que eau aromatique, ou efprit de vin, & procederez comme aux autres Tein-tures. Sa vertu eft de purger & deffe-cher. Elle eft chaude, à caufe dequoy elle provoque les mois, & les hemor-roïdes : elle fortifie le ventricule, tuë

les vers, & les chaſſe dehors; empeſche la pourriture & corruption. Elle
nettoye, conſolide, & fortifie. Elle eſt
un inſigne remede pour les playes.

Teinture de Gomme-gutte.

VOvs extrairez cette Teinture
comme deſſus, avec eſprit de vin.
Elle a la vertu de chaſſer les ſeroſitez
par haut & par bas, qu'elle tire de tout
le corps, & les humeurs viſqueuſes &
pourries. C'eſt pourquoy l'on s'en ſert
dans les hydropiſies, & aux fiévres longues, aux galles & gratelles. La doſe
eſt depuis ſix grains juſques à quinze.

CHAPITRE VIII.

Maniere d'extraire Eaux, Eſſences, Teintures, & Sels des Eſpiceries.

Du Cloud de Giroffle.

LEs eaux & eſſences du Cloud de Giroffle, & de Canelle, ſe tirent d'u-
ne meſme façon. Voicy la maniere de

les extraire. Vous prendrez lequel il
vous plaira, & le concafferez groffierement, & le mettrez dans une Cornuë.
Verfez de l'eau commune deffus, qu'elle furnage de quatre doigts, & que le
tiers de voftre vaiffeau demeure vuide;
lequel vous boucherez, & mettrez en
infufion au Bain trois jours : apres lequel vous joindrez un Recipient à
voftre Cornuë, de telle forte que voftre
vaiffeau qui diftille entre librement dedans, & donne au milieu. Luttez bien
le tout ; & lors que le lut fera fec, diftillez au feu de fable, & gardez les degrez du feu : lors que les trois parts de
l'eau que vous aurez mife deffus feront
diftillées, ceffez voftre operation, &
laiffez refroidir vos vaiffeaux. Puis feparez l'huile d'avec l'eau par l'entonnoir. Laquelle huile eft au contraire de
celle de Sauge & de Rofmarin. Elle
demeure au fond par fa pefanteur : elle
vient la premiere par le vaiffeau feparatoire. Vous la mettrez dans une phiole, que vous boucherez. Pour l'eau
vous la rectifierez au Bain, dautant
qu'elle ne vient pas claire, à caufe que

la diftillation par la Cornuë eft toûjours plus violente ; parce que les efprits n'ont pas eu le temps de circuler.

Vertus de l'Effence du Cloud de Giroffle.

L'ESSENCE de Giroffle fortifie la
nature affoiblie, foit pour l'avoir
trop furchargée par les excés du boire ou du manger, ou pour l'avoir fait
pâtir, en ne luy donnant point d'ali-
ment. Elle travaille par la digeftion de
l'un, & reftaure les forces & chaleur
naturelle, & donne de la vigueur qui
feroit affoiblie par le manque de l'autre.
De routes fortes d'âges l'on peut tomber dans ces deux extremitez : c'eft
pourquoy elle eft bonne aux vieux, &
aux jeunes, lors qu'ils manquent de
chaleur naturelle, & à toutes les maladies froides. La dofe eft de trois à quatre gouttes dans du vin, ou en eau de
Bugloffe, Bourrache, Meliffe, Chardon-benit, ou en fon eau propre. Elle
fortifie les membres refroidis, & les
ranime. Elle affouplit les nerfs : elle fert
à faire de l'Hypocras, en mettant une

goutte fur une pinte de vin, & autant
d'eſſence de canelle, & du ſucre à diſcretion. D'une livre de cloud, quand il
eſt bon, & qu'il n'a point eſté alteré,
l'on en peut tirer deux onces d'eſſence.

L'eau de Giroffle a les meſmes effects
que l'Eſſence. Elle ſe prend en plus
grande quantité, dautant qu'elle n'a
pas tant de force. Sa doſe eſt d'une demie cuillerée juſques à une cuillerée.

Sa Teinture, qui eſt reſtée au fond de
voſtre vaiſſeau, a pluſieurs vertus. Elle
peut ranimer les parties dénüées de
chaleur naturelle, l'appliquant deſſus.
Elle eſt bonne pour les gouttes froides
& ſciatiques, & pour toutes les douleurs qui proviennent de froideur. Il
s'en fait un baume avec de l'extraict de
Mille-pertuis, & therebentine de Veniſe; le tout mis dans une phiole de verre double, bien bouchée, le quart de
vuide, expoſé quarante jours au Soleil. Ce baume guerit toutes les ulceres;
guerit la gangrene. Pour l'appliquer il
le faut chauffer.

Vous tirerez du Sel de voſtre Cloud,
comme celuy des autres Simples. Son

uſage eſt bon pour les vieilles perſonnes, pris le poids de trois à quatre
grains deux fois la ſemaine, dans quelque vehicule, comme boüillon, vin,
ou ſyrop.

De la Canelle.

L'Essence de Canelle eſt ſouveraine
pour le cœur : elle le réjoüit, &
chaſſe la melancholie, priſe deux gouttes dans deux cuillerées d'eau de Meliſſe, une fois tous les mois. Elle facilite
les accouchemens, & provoque les purgations des femmes, priſe en eau d'Hyſope. Conforte le cerveau, rend l'haleine douce & ſuaue en eau de Roſes ; cuit
le phlegme groſſier, & le fait jetter dehors : guerit les toües provenantes de
froidure : fait revenir de ſyncope, priſe
dans demy cuillerée de ſon eau.

L'eau de Canelle a les meſmes vertus
que l'Eſſence. Comme elle eſt plus commune, & qu'il ſe tire peu d'Eſſence,
elle ſuppléra au defaut.

La teinture, le ſel, l'eau & l'eſſence reünis enſemble, avec un peu de therebentine ; le tout mis dans une phiole,
& expoſé

& expofé un mois au foleil, eſt un baume qui confolide toutes fortes de
playes, appliqué fur l'eſtomac le fortifie. D'une livre de Canelle, l'on ne peut
tirer que fix gros d'eſſence tout au plus.

De la Muſcade.

LA Muſcade ne fe diſtille point, fes
eſprits font condenfez enfemble, &
n'ont point de facilité pour s'élever.
Ce que l'on appelle eſſence de Muſcade, eſt plutoſt une teinture qu'une eſ-
fence. Elle s'extraict en cette forte.
Couppez par tranche voſtre Muſcade,
& la mettez dans une Cucurbite de
verre, & verfez de l'efprit de vin deſſus:
puis mettez un Chapiteau aveugle, &
faites digerer au Bain à feu tiede, jufques à ce que voſtre efprit foit coloré.
Alors verſez-le par inclination, & remettez d'autre efprit fur les feces reſtantes au fond du vaiſſeau. Reïterez
juſques à ce que voſtre efprit ne tire
plus de teinture. Prenez toutes vos
teintures, & retirez voſtre efprit par la
diſtillation du Bain ; l'eſſence, ou plutoſt la teinture demeurera au fond.

F

L'on fait extraction d'huile de Mufca-
de par l'expreffion , comme l'on fait
celle des Noix ; mais il s'en tire fi peu,
que je ne confeille à perfonne de faire
cette operation. Pour la teinture fufdite , elle a quantité de vertus : une goutte prife dans une cuillerée d'eau fu-
crée , fortifie la veüe & l'eftomac ; prife
avec eau de Saulge ou de Fenoüil , elle
chaffe les vents ; en eau de Capres elle
diffipe l'enflure de la ratte; en eau de
Rofes , ou Meliffe elle corrige les puan-
teurs de l'haleine; en eau d'Alchechâge
elle fait uriner ; appliquée par dehors
elle eft finguliere aux douleurs des
nerfs & jointures ; elle diffipe les duretez qui proviennent de froidures.

Du Poivre & Zinzembre.

LE Poivre eft un fruict, & le Zinzembre une racine, defquels il ne
fe tire que fort peu d'huile par la difti-
lation , non plus que par expreffion;
mais bien par impregnation. Vous pillerez voftre Poivre groffierement , &
coupperez voftre Zinzembre, & mettrez lequel il vous plaira infufer dans

de l'huile d'amandes douces, ou huile
d'olives, dans une phiole de verre au
soleil, ou au Bain, & l'y laisserez jusques à ce que vostre huile ait attiré le
goust, & l'odeur de la chose que vous
y aurez mise. Si la premiere fois ne suffit, vous en remettrez d'autre, & con-
tinuërez jusqu'à ce que vous soyez satisfait. Vous prendrez vostre Poivre, ou
Zinzembre imbibé d'huile, & le distillerez par la Retorte; il en sortira une
huile qui asseurément aura le goust de
la chose sur laquelle elle aura esté mise:
Vous exposerez cette huile au soleil. Si
elle est tirée du Zinzembre, elle est
chaude à l'estomach, & le fortifie, &
sa chaleur n'est point violente. Son
usage est meilleur que celuy du Poivre.
Il faut user de l'un & de l'autre moderément. Ils ne servent que de correctifs
pour les remedes internes ; & par le
dehors, ils échauffent les membres refroidis, & font meurir les bubons &
aposthemes.

CHAPITRE IX.

Des Gommes & Raiſines.

Therebentine.

TOVTES les Gommes & Raiſines ſe diſtillent *per Deſcenſum*, comme il eſt dit en ſon lieu. De quelques-unes l'on en extraict la teinture en la maniere que j'ay dit en l'extraction des Teintures. De toutes les Gommes raiſineuſes, il n'y a que la ſeule Therebentine qui ſe diſtille par la Cornuë en cette maniere. Prenez de la Therebentine de Veniſe ; la plus blanche eſt la meilleure, & la mettez dans une Cornuë ; verſez de l'eau par deſſus, qu'elle ſurnage de deux doigts ; que voſtre vaiſſeau, pour le plus, ne ſoit remply qu'à moitié. Adaptez une autre Cornuë, & luttez bien les jointures : diſtillez à feu doux, de peur que la matiere ne gonfle : continuez voſtre operation juſques à ce que vous voyez monter une huile rou-

ge. Alors changez de Recipient , &
augmentez voftre feu, jufques à ce qu'il
ne monte plus rien dans voftre premier
Recipient ; vous aurez une eau, & une
effence que vous feparerez par un en-
tónoir; l'effence demeurera deffus. Toutes les deux ont mefme faculté, mais
les dofes font differentes. L'effence fe
prend jufques à vingt gouttes ; & l'eau
d'une demy cuillerée à une cuillerée.
Elles lafchent l'urine fupprimée, def-
chargent les reins; & elles font bonnes
pour les indifpofitions de poitrine. Elles appaifent la colique, aident à la digeftion, prifes dans un vehicule convenable, comme vin blanc, & eau d'Hyfope.

Pour l'huile rouge, qui eft venuë la
dernière, c'eft un baume pour les playes
nouvelles : il les confolide, il fait affou-
plir & rálonger les nerfs racourcis, &
retirez par froideur. Il aide à la digeftion mis fur l'eftomac.

Fleurs de Benjoüin.

PRENEZ la quantité de Benjoüin
qu'il vous plaira, & le mettez dans

un Creuſet qui ſoit de grandeur convenable : accommodez un cornet de papier gris deſſus, de façon que le Creuſet ſoit entouré par le haut dudit cornet. Poſez voſtre Creuſet ſur un rechaut, & faites un feu doux. Et lors que voſtre papier jaunira par bas, ceſſez voſtre operation, & oſtez voſtre cornet, vous trouverez les fleurs ſublimées au haut : abbattez-les avec une plume.

Ses fleurs ſont bonnes pour les toux inveterées : il en faut former tablettes en cette ſorte. Prenez une demie livre de ſucre, faites-la cuire en conſiſtence de tablettes, & y mettez une once de fleurs ; puis jettez ſur le marbre, & avec un couteau coupez vos tablettes en forme de loſenge.

Autres Tablettes pour le poulmon.

FAITES cuire du ſucre côme il a eſté dit, & y adjouſtez les choſes ſuivantes reduites en poudre ſubtile; fleurs de Roſes de Provins demie once, muſcade, Iris de Florence, & Regliſſe, de chacune une drachme : demie drachme de fleurs

de Benjoüin, & trois drachmes de fleurs
de Soufre. Vfez de toutes ces chofes , &
en prenez foir & matin.

De la Myrrhe & Encens.

L'ON peut tirer de ces deux Gommes une liqueur à laquelle on donne le nom d'huile. Vous prendrez des
œufs frais , que vous ferez durcir , puis
les couperez par la moitié, & en ofterez le jaune, & remplirez leurs places
de Myrrhe, ou d'Encens pillé, & ré-
joindrez les deux moitiez enfemble, &
mettrez vos œufs ainfi remplis dans un
vaiffeau de verre , que vous mettrez
quarante jours dans du fumier de cheval : à la fin defquels vous deffairez voftre vaiffeau, & ofterez tous les œufs,
& prendrez la liqueur qui fera au fond,
que vous filtrerez. Cette liqueur a la
vertu de conferuer de putrefaction, &
eft fouveraine pour les douleurs. L'on
en peut former paftille qui rend une
odeur fort agreable.

F iiij

CHAPITRE X.

Maniere de preparer, & d'extraire les huiles des Bois, Escorces & Racines.

Huile de Gaïac.

COVPEZ le bois de Gaïac par petits morceaux, que vous mettrez dans une Cornuë : versez dessus de l'eau commune, qu'elle surnage de deux doigts le bois; que la Cornuë pour le plus ne soit remplie qu'à moitié : mettez en digestion au Bain par trois jours, puis distillez à feu de roüe, & gardez les degrez du feu; l'eau & l'huile distilleront ensemble : vous separerez l'huile d'avec l'eau par le vaisseau separatoire. Toutes les huiles des Bois, Escorces, & Racines s'extrayent en cette maniere; quand on les distille verds il n'est point necessaire de leur donner de menstruë. Les vertus de cette huile sont d'exciter

les fueurs, prifes par la bouche ; & au
dehors il eft fouverain aux vieilles ulceres eftimées incurables.

Vertus de l'huile & efcorce de Frefne.

L'HVILE d'efcorce de Frefne attenuë, confomme & ramolit les duretez de la ratte : elle eft diuretique &
chaffe le fable des reins, prife dans un
vehicule approprié au mal. La dofe eft
de dix à douze gouttes.

Vertus de l'huile de Buis.

CETTE huile eft narcotique , ou
affoupiffante : pour cet effet l'on
s'en fert aux douleurs violentes des
dents , en appliquant une goutte à la
racine de la dent malade avec un cure-
dent ; foit qu'elle foit gaftée par corro-
fion, ou par des vers. Il y en a qui s'en
fervent auffi contre l'epilepfie.

F v

CHAPITRE XI.

Maniere de preparer les Fecules.

Fecules de Brione.

PRENEZ des racines de Brione, &
les coupez, puis les pillez dans un
mortier de marbre, & les exprimez
sous la presse ; il en sortira une eau
espoisse & blanche, que vous mettrez
dans une terrine douze heures à la cave;
toute la blancheur descendra au fond
de la terrine. Versez l'eau de dessus par
inclination, & faites seicher la matiere
blanche à douce chaleur. Si vos Racines
sont seiches quand vous les pillerez,
vous les imbiberez d'eau commune, &
ferez comme dessus. Toutes les fecules
se preparent de cette sorte. Les vertus
de celle cy sont de purger les humeurs
sereuses & pituiteuses ; elle degage les
obstructions du foye, & de la ratte; fait
vuider les eaux des hydropiques par
haut & par bas ; provoque les mois,

empefche les fuffocations de matrice, foulage les afthmatiques , & fert à la goutte, employée dedans & dehors. La dofe eft de dix grains jufqu'à vingt, dans un boüillon, œuf, ou conferve.

Fecule d'Aaron , & de fes vertus.

ELLE purge la pituite vifqueufe & gluante, & l'une & l'autre bile par le vomiffement, & quelquefois par bas, mais avec quelque forte de violence. Elle ouvre les obftructions de la ratte, du foye, & de la veffie du fiel, & les chaffe par les urines. La dofe eft de fix jufqu'à douze grains.

Fecule d'Iris , & de fes vertus.

L'ON fe fert principalement de l'Iris de Florence, qui eft chaude & feche au fecond degré, pour faire Fecule. Elle incife & attenuë les humeurs ; digere, deterge & amolit ; aide à dégager la poitrine par les crachats; fait fortir les humeurs vifqueufes & gluantes des poulmons : c'eft pourquoy l'on s'en fert

à l'afthme, à la toux, aux mois arreftez,
aux tranchées de ventre des enfans: elle
nettoye & ofte les taches & lentilles de
la peau, meflée avec Elebore & miel,
il corrige la puanteur de l'haleine. La
dofe eft de dix jufques à quinze grains.

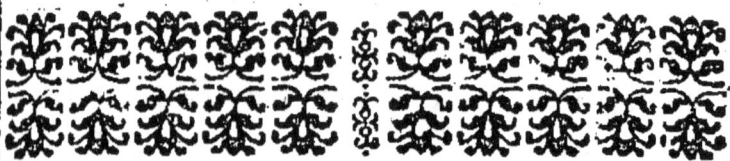

TROISIESME PARTIE.

Des Animaux.

AVANT-PROPOS.

LES Animaux auſſi - bien que les Simples contribuent à l'entretien de la vie de l'homme, & à la conſervation de ſa ſanté ; & meſme aident à la rétablir quand elle eſt affoiblie. L'experience nous le fait connoiſtre, puis qu'ils nous fourniſſent des remedes pour cet effect : S'ils nous cauſent des infirmitez par noſtre mauvaiſe conduite, ils nous ſervent d'antidote pour les détruire. Dieu par une prevoyance admirable a voulu que le remede fuſt proche du mal. Si la Viue picque, & fait une playe dangereuſe ; ſon foye eſt

un remede asseuré au mal qu'elle a fait
estant appliqué dessus. Celuy qui est
offensé de la Vipere, s'il en mange, il
est vengé & guery. Si le Scorpion, la
Fourmis, & la Mouche à miel sont écra-
sées sur les picqueures qu'elles ont faites, elles guerissent aussi-tost. Les Animaux fournissent non seulement des
remedes aux maux qu'ils ont causé,
mais aussi à quantité de maladies ausquelles ils n'ont en rien contribué.
N'est-il pas vray qu'vn Poulet couppé
tout vif par la moitié, & appliqué sur
la teste, fortifie le cerveau, & arreste
les extravagances qui proviennent
d'une fiévre violente? Le sang de Pigeon, picqué sous l'aisle, empesche les
marques de la petite verolle, si l'on en
applique trois ou quatre fois le jour sur
la verolle avec une plume, quand elle
commence à sortir, & que l'on continuë jusques à ce que les petites peaux
tombent. Les petits Chiens vivans appliquez sur l'estomac, aident à la digestion, fortifient, & appaisent la douleur de la colique. L'Archange Raphaël
se servit du fiel d'un poisson pour réta-

blir la veüe du vieil Tobie : & du foye du mefme animal il chaffa le demon homicide, qui faifoit mourir les maris de Sara. Les Animaux nous fourniffent non feulement des remedes topiques, mais auffi des medicaments tres-necef-faires, tant pour nourrir, fortifier, & reftaurer les forces abbatuës, que pour purger les humeurs corrompuës. Il femble, comme nous fommes d'un mefme genre, qu'ils ont plus de fym-pathie avec noftre temperament. Ie laiffe ce jugement à faire aux experi-mentez, & me contente d'efcrire la maniere de preparer les remedes qui s'en tirent.

CHAPITRE PREMIER.

Du Sang humain.

PLVSIEVRS ont efcrit la maniere de diftiller le Sang humain, & ont fait cette operation fort laborieufe : ce qui a dégoufté beaucoup de perfonnes, & les a empefché de l'entreprendre.

Voicy une methode tres-facile, laquelle eſt experimentée. Prenez le ſang
d'un jeune homme, âgé depuis dix-
huit juſqu'à vingt-quatre ans, qui ſoit
bien temperé, le teint frais & vermeil,
ny trop gras, ny trop maigre. Laiſſez
refroidir le ſang, & repoſer douze
heures; puis vous oſterez toute l'eau
qui ſera deſſus, & ne prendrez que la
maſſe, que vous coupperez par petits
morceaux, & mettrez dans une Cucurbite de verre, & les diſtillerez au Bain
à feu doux juſqu'à ſiccité. Faites ſecher
à petit feu ce qui ſera au fond de voſtre
vaiſſeau, en ſorte qu'il devienne en
poudre, & conſervez cette poudre dans
une phiole de verre bien bouchée, pour
vous en ſervir comme il ſera dit cy-
apres. Mettez de nouveau ſang comme
le premier dans voſtre Cucurbite; verſez l'eau que vous avez diſtillée deſſus,
& diſtillez comme au precedent: reïterez cette operation cinq fois, & à chaque fois oſtez voſtre poudre; mettez
voſtre eau diſtillée circuler au Bain, ou
au fumier quinze jours; puis diſtillez
pour la derniere fois au Bain à feu

doux, & ne tirez que les deux parts de
l'eau que vous aurez mife circuler ; la
partie reftante n'eft que phlegme, qui
n'eft propre à rien. Cette eau fe doit
appeller efprit des Efprits, à caufe de fa
grande fubtilité, & du fujet d'où elle
eft extraicte. Ses vertus furpaffent celles que l'on attribuë à l'or potable. Elle
combat nos infirmitez ; elle rafraichit,
& modere les bilieux & coleres ; elle
échauffe les froids, & ranime la chaleur naturelle ; elle remet la comple-
xion ruinée à fon temperament ; elle
corrige le vice des parties qui fervent à
la refpiration : elle fortifie le cœur, defopile le foye & la ratte : elle diffipe le
phlegme craffe & époix ; elle affermit
le cerveau, & purifie les organes d'ice-
luy, de telle forte que les facultez de
l'efprit font librement & fans peine
leurs fonctions : elle augmente le fang,
& le purifie : bref, elle purge toutes
fortes de mauvaifes humeurs, & les pouf-
fe au dehors par les voyes naturelles. La
dofe eft d'une cuillerée iufques à deux,
dans quelque eau cordiale, ou appro-
priée au mal.

La poudre que vous avéz cy-devant gardée a les mefmes vertus. Elle purge par les felles , urines & fueurs , prife dans un bouillon, ou dans un verre de vin blanc, le poids d'une demie drach-me jufques à une drachme.

CHAPITRE II.

Du magiftere du Crane humain.

DIEV par une providence admira-ble a voulu que l'homme trouvaft dans fon efpece dequoy le guerir, & le foulager dans fes maladies. Nous avons veu dans les vertus du Sang humain preparé , combien il y contribuë; les effects du Crane humain ne font pas moins confiderables. Prenez le Crane d'une tefte feche, s'il ne l'eft pas vous le ferez fecher au foleil, ou au feu, ou en le portant longtemps fur vous: ra-pez-le, & le reduifez en poudre, & le mettez dans un vafe de verre : Verfez deffus du fuc de citron, ou du fort vi-naigre diftillé, qu'il furnage de trois ou

quatre doigts ; bouchez voftre vaiſſeau,
& le mettez en digeſtion au Bain cinq
ou ſix heures ; verſez par inclination
voftre ſuc, ou vinaigre, & en mettez
d'autre, & faites digerer comme vous
avez fait : continuez juſques à ce que
tout voſtre Crane ſoit diſſout ; prenez
toutes vos diſſolutions , & les filtrez
par le papier gris, & les mettez dans
une Cucurbite de verre : verſez deſſus
goutte à goutte de l'huile de Tartre, tirée par défaillance ; toute la diſſolution
ſe precipitera au fond : verſez par inclination le ſuc , ou vinaigre : lavez &
dulcorez la poudre dans quelque eau
cordiale, comme de Roſes, Canelle,
Bugloſſe, Bourrache, Chardon benit,
ou Meliſſe : puis vous deſſecherez ladite poudre dans un vaiſſeau de verre, &
la metrrez dans une phiole bien bouchée.

Cette poudre eſt pour toutes les maladies du cerveau ; particulierement
pour les epileptiques, & pour ceux qui
ont des vertiges. Elle ſe prend dans
quelque liqueur, comme eau de Sauge,
ou Marjolaine, ou dans la conſerve de

Roſes, le poids d'un Scrupule. Si c'eſt
par precaution que l'on la prend, il faut
diminuer la doſe de moitié, & continuer neuf matins.

CHAPITRE III.

De l'huile admirable des Os d'hommes.

PRENEZ les Os d'un homme, les plus
gros que vous pourrez avoir; caſſez-
les, & les faites rougir dans le feu : &
quand ils ſeront rouges, vous les mettrez dans un pot de terre verniſſé, dans
lequel vous aurez mis une ſuffiſante
quantité de ſain, ou graiſſe d'homme ;
couvrez le pot, & les laiſſez imbiber,
puis les oſtez de dedans, & les pillez
& mettez dans une Cornuë, avec la
graiſſe qui ſera reſtée dans le pot : diſtillez au feu de ſable, & continuez voſtre diſtillation juſques à ce qu'il ne
monte plus rien, expoſez cette liqueur
au ſoleil. C'eſt un ſpecifique pour toutes
douleurs de nerfs & de jointures, &
pour les ſciatiques.

CHAPITRE IV.

Des eaux de Chair.

De l'eau de Chapon.

SI vous voulez diftiller vn Chapon, ou Poulet, vous l'écorcherez tout vif, & luy ofterez les pieds, la tefte, & toutes les entrailles. Vous casserez ses os dans un mortier de pierre, avec un pilon de bois, & le mettrez par pieces dans une Cucurbite de verre, avec une poignée d'orge mondé. Verfez deffus une pinte d'eau de Buglofse, ou Bourrache, diftillez au Bain boüillant, afin que les efprits du Chapon montent avec l'eau; tirez une pinte de liqueur, puis ceffez voftre operation.

Cette eau eft reftaurative & pectorale. Elle renouvelle les forces des perfonnes debilitées par maladie, en prenant quatre ou cinq cuillerées, cinq ou fix fois le jour de cette façon. L'on peut diftiller toutes fortes de chairs, & y augmenter & diminuer , felon qu'il fera neceſſaire.

Autre maniere de diſtiller les Chairs.

VOvs mettrez la chair que vous voudrez diſtiller, ſoit Bœuf, Veau, Mouton, ou Volailles, boüillir dans un pot neuf verniſſé, & bien bouché : & lors que tout ſera bien cuit , vous en exprimerez le ſuc ſous la preſſe , que vous ferez diſtiller au Bain, comme il eſt dit cy-deſſus. Vous pourrez y ad-jouſter des conſerves, & telles choſes qu'il vous plaira.

Apres les diſtillations de Chair, il de-meure au fond une teinture, laquelle coulée & cuite en conſiſtence d'ex-traict, meſlée avec partie égale de the-rebentine, & de cire, eſt un emplaſtre pour les douleurs des nerfs, & gouttes froides.

Reſtauratif de Chair excellent.

PRenez un vieil Coq , un jaret de Veau, & un bout-ſeigneux de Mou-ton ; couppez le tout par morceaux, &

les mettez dans un pot neuf, de grandeur fuffifante : bouchez bien le pot
avec un couvercle, & le luttez avec des
blancs d'œufs, & de la chaux vive: mettez-le boüillir dans le Bain-Marie. Il ne
faut pas oublier de mettre le petit cercle fous le cul du pot, que le Bain foit
boüillant l'efpace de deux heures; puis
exprimez fous la preffe ce qui fera dans
le pot , & le laiffez refroidir pour en
ofter la graiffe, que vous leverez avec
une cuilliere. Il faut donner au malade
une cuillerée ou deux de ce Reftauratif,
cinq ou fix fois le jour. Il eft fort nour-
riffant.

CHAPITRE V.

De la Teinture ou extraict de foye de
Veau, & de ratte de Bœuf.

LES Teintures ou extraicts de foye
de Veau, & de ratte de Bœuf, fe
font en cette forte. Pillez le foye & la
ratte dans un mortier de marbre, puis
le mettez dans un vaiffeau de verre:

verfez de bon efprit de vin deffus, qu'il
furnage de trois ou quatre doigts ; bouchez voftre vaiffeau, & le mettez infufer au Bain tiede , jufques à ce que voftre efprit foit teint. Verfez-le par inclination , & remettez de nouvel efprit,
& continuez jufques à ce qu'il ne vienne plus de teinture. Prenez l'efprit
teint , & le mettez dans la Cucurbite,
& le retirez par la diftillation du Bain,
jufques à ce qu'il ne monte plus rien ; la
teinture demeurera au fond , à laquelle
vous meflerez du fucre à difcretion,
Vne cuillerée de teinture de foye de
Veau , jufques à deux , prife matin &
foir , guerit la poulmonie ; elle réjoüit
le cœur ; elle chaffe la melancholie ; elle
defopile le foye. L'on peut mettre cette teinture en confiftence d'extraict,
pour en former pillules, qui auront le
mefme effect prifes le poids d'un Scrupule jufques à deux, dans la conferve
de Rofes.

La teinture ou extraict de ratte de
Bœuf defopile la ratte, & en fait fortir
toutes les impuretez. Elle empefche
qu'elle ne gonfle ; elle eft utile contre
toutes

outes les maladies qui peuvent atta-
quer cette partie.

CHAPITRE VI.
De l'huile d'Oeuf.

PRenez telle quantité d'Oeufs qu'il
vous plaira, & les faites durcir. Prenez tous les jaunes, & les mettez dans
une Cornuë, & distillez à feu de roüe.
Cette huile est bonne contre l'apoplexie, si ceux qui sont menacez de ce mal
en frottent la cime de la teste une fois
la semaine. Elle guerit les dartres, &
desseche les ulceres : elle guerit les brû-
lures, & particulierement celles de la
teste, & leve les cicatrices qui en sont
provenus. Elle fait revenir le poil si on
en frotte le lieu : elle oste la maille des
yeux, y en mettant une goute dedans,
tous les jours ; elle desseche la teigne,
il faut raser les cheveux devant que de
l'appliquer ; elle appaise la douleur de
la goutte qui prend aux piéds. Vne
goute mise dans l'oreille, dissipe le
bruit d'icelle.

G

CHAPITRE VII.

De l'Esprit, Huile & Teinture de Miel.

MEslez une livre de sable bien net avec deux livres de miel escumé, & les mettez dans une Cornuë, & distillez au feu de sable : il sortira une eau blanche la premiere ; & lors qu'il montera une liqueur rouge, changez de Recipient : c'est l'esprit du Miel, qu'il ne faut pas mesler. Quand vous verrez qu'il ne distillera plus rien, augmentez vostre feu, il sortira une huile époisse, qu'il ne faut pas mesler non plus, avec l'esprit. Rectifiez l'esprit au Bain, la teinture demeurera au fond, & l'esprit distillera comme de l'eau.

Les vertus de l'esprit de Miel sont tres-grandes : si elles estoient connuës, son usage seroit plus frequent qu'il n'est pas. Il defend le corps de toute pourriture, & conserve la santé un tres-long-temps. Pline escrit qu'un soldat âgé

un grand nombre d'années, fort &
en bonne santé, fut interrogé par Octa-
ve Auguste de ce qu'il faisoit pour se
conserver la santé, & vivre si long-
temps ; il fit réponse qu'il mettoit de
l'huile par dehors, & qu'il prenoit du
miel au dedans. Ce tesmoignage est
considerable, & sans doute le Miel a
des qualitez excellentes ; si l'on consi-
dere de quelle maniere il est produit,
& de quelles choses il est composé, on
avoüera, sans doute, qu'estant preparé
il ne peut produire que de bons effects.
Cinq ou six gouttes d'esprit pris dans
une cuillerée d'eau de Canelle, appaise
les douleurs de la colique. Il tuë les
vers, & les fait sortir, & empesche qu'il
ne s'en forme dans le corps, pris en eau
de Rosmarin : il guerit la paralysie en
eau de Sauge ; il faut continuer quarante jours. La dose est de dix gouttes jusques à quinze. L'huile & la teinture
sont bonnes pour faire revenir les cheveux ; s'en frottant la teste sept ou huit
fois. La teinture meslée avec de la farine d'orge en forme de cataplasme,
resout les duretez, & fait meurir

les bubons & apofthemes.

CHAPITRE VIII.

De l'huile de Cire.

PRENEZ de la Cire jaune, & de bonne odeur, à difcretion; faites-la fondre, & meflez avec une quatriefme partie de brique pillée, ou de fable bien net, & en faites de petites pelottes qui puiffent entrer dans la Cornuë, que vous remplirez pour le plus qu'à moitié. Donnez-vous de garde de faire gonfler voftre Cire : vous diftillerez au feu de cendres, & garderez les degrez du feu. Lors qu'il ne fortira plus de fumée voftre operation fera faite. Separez l'eau d'avec l'huile par le vaiffeau feparatoire, & remettez l'huile fur les feces, & cohobez deux fois, & vous aurez une huile claire & nette. Ses vertus font de refoudre les duretez; elle penetre & diffipe les cicatrices, fi l'on continuë d'en mettre long-temps : elle guerit les playes qui font faites par

coups de feu ; elle appaiſe les douleurs
de la goutte, & güerit les ulceres ; ralonge les nerfs, & conſolide les fiſſures
des mammelles, & des lévres.

CHAPITRE IX.

De l'huile de Beure.

PRENEZ du Beure frais qui ſoit nouvellement fait, vous en ferez de petites pelottes comme vous avez fait de
la cire, avec des cendres, ou du ſable,
& les mettez dans la Cornüe, & diſtillerez à feu de cendres. Separez l'eau
d'avec l'huile, & cohobez comme cy-
deſſus.

Cette huile eſt excellente pour toutes ſortes de toux, & rheumes. La doſe
eſt de cinq ou ſix gouttes dans de l'eau
ſucrée, ou d'Hyſope, büe ſoir & matin.
Elle appaiſe les douleurs de coſté, ſi
l'on en fait cataplaſme avec de la farine
de Cumin. Il en faut mettre trois fois
le jour.

CHAPITRE X.

De l'huile de Cheveux.

PRENEZ des Cheveux, & en faites des petites pelottes, & les mettez dans une Cornüe, que vous emplirez pour le plus des trois parts, & adapterez un Recipient à la Cornüe, que vous lutterez : puis distillez au feu de roüe jusques à ce qu'il ne sorte plus de fumée.

Cette huile a l'odeur fort penetrante. Elle est bonne contre les suffocations de la matrice : il en faut frotter les tempes, & les narines. Elle fait aussi venir les cheveux, si l'on en met huit ou dix jours de suite sur le lieu où l'on les veut faire venir. Devant que de l'appliquer, il faut bien frotter la teste avec un linge un peu chaud.

CHAPITRE XI.

De l'esprit de Laict.

FAITES boüillir du laict un boüillon; verſez dedans une cuillerée de vinaigre, puis filtrez ledit laict, & le mettez dans une Cucurbite de verre., & diſtillez au Bain boüillant, & continuez juſques à ce qu'il ne monte rien. Oſtez les feces qui ſont dans la Cucurbite, & rectifiez voſtre eſprit. Diminuez voſtre feu d'un degré, & de quatre pintes que vous aurez vous n'en retirez que trois pintes & choppine : oſtez les feces, & rectifiez encore une fois, & diſtillez à feu tiede, & ne diſtillez que trois pintes. L'uſage de cet eſprit eſt plus ſain & plus rafraichiſſant que le petit-laict commun ; ſa froideur eſt corrigée par le feu, & les mauvaiſes qualitez ſeparées. Il n'eſt point nuiſible à l'eſtomac : l'on y peut adjouſter du ſucre roſat, ou violat, ſelon le ſujet

pour lequel on le prendra. L'on peut
diſtiller toutes ſortes de laicts de cette
maniere. Le laict d'aſneſſe preparé de
cette ſorte, eſt facile à digerer, & n'eſt
point nuiſible à l'eſtoſmaĉ.

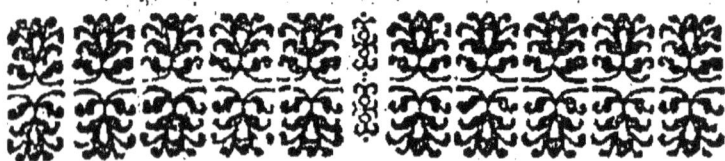

QVATRIESME PARTIE.

Des Mineraux & Metaux.

AVANT-PROPOS.

BIEN que les Metaux, & Mineraux semblent estre esloignez de l'homme, & que l'Escriture Sainte ne fasse aucune mention de leur creation, neantmoins ils ne laissent pas de nous fournir des remedes tres-salutaires. Aujourd'huy la Medecine s'en sert avec d'heureux succés. Il est necessaire que leurs preparations soient exactement faites, dautant que ce sont remedes violens; bien que l'on ne les prenne qu'en petite quantité, & dans des maladies rebelles, & inveterées. Quand j'ay commencé ce Livre, je me suis

G v

proposée de ne point paſſer mes experiences. C'eſt pourquoy je ſupprime
en cette Partie les operations ſur l'or,
& ſur l'argent, ne connoiſſant point
leurs preparations, ny leurs utilitez en
la Medecine. I'ay veu pluſieurs operations auſquelles on a donné le nom
d'Or potable, de teinture d'or, d'huile d'argent, que je n'ay pû compren-
dre; ne me pouvant perſuader que des
corps ſi parfaits & condenſez, fuſſent
liquefiables. Ce n'eſt pas que je con-
damne ces operations pour ne les pouvoir pas concevoir; je ſerois auſſi teme-
raire que les aveugles, qui aſſeure-
roient qu'il ne ſeroit point de Soleil,
parce qu'ils ne le verroient pas. Pour
les operations qui ſuivent, j'aſſeure
qu'elles ſont veritables, & experimen-
tées.

CHAPITRE PREMIER.

Des Esprits.

Du Vitriol.

PRENEZ cinq ou six livres de Vitriol Romain, autrement dit Couperose, & les mettez dans un pot de terre qui ne soit point vernissé, & le posez sur le feu, & l'entourez de charbon, & le laissez jusqu'à ce que le Vitriol devienne rouge : vous le remuerez de temps en temps avec une Espatule de fer. Le Vitriol calciné jusqu'à rougeur est appellé par les Chymiques Colcotar : prenez-le, & le pillez, & le mettez dans une Cornuë de terre de Beauvais : cette terre resiste au feu. Qu'elle ne soit remplie pour le plus que de deux tiers ; adaptez un grand Recipient appellé Balon, & les luttez avec blanc d'œufs, chaux vive, & blanc d'Espagne : posez vostre Cornuë sur le fourneau, ou au coin d'une cheminée,

& la faites porter fur un tuillot, ou maffe de terre, pour l'élever à proportion
de voftre Recipient. Faites feu par degrez, & l'entretenez douze heures au
feu du premier degré : & lors que vous
verrez entrer des nuages dans voftre
Recipient, augmentez voftre feu d'un
degré, & le continuez pendant autres
douze heures ; après lefquelles vous
augmenterez, & couvrirez voftre vaiffeau de feu, & continuerez jufqu'à ce
que vous ne voyez plus aucune fumée
entrer dans voftre Recipient. Alors
laiffez refroidir vos vaiffeaux un jour
entier, moüillez le lut des vaiffeaux
pour les deffaire, & prenez l'efprit diftillé, & le rectifiez dans une Cornuë
de verre au feu de fable. La premiere
liqueur qui viendra n'eft que phlegme :
lors qu'il montera de l'aigreur changez
de Recipient, & augmentez le feu, &
continuez jufqu'à ce qu'il ne diftille
plus rien. Laiffez refroidir vos vaiffeaux, & prenez l'efprit, & le mettez
dans une phiole pour vous en fervir à
fes ufages. Vous trouverez au fond de
voftre Cornuë une huile noire qui a

ſes facultez, comme il ſera dit cy-apres.
Les feces reſtées de voſtre premiere diſtillation, ſeront bruſlées pour en tirer
le ſel, avec le phlegme que vous avez
cy-devant diſtillé, ou avec de l'eau commune un peu chaude. Ce ſel s'extraict
comme celuy des Vegetaux.

Les vertus de l'eſprit de Vitriol ſont
grandes. Il eſt à remarquer qu'il ne ſe
prend jamais ſeul, & que ſa doſe n'ex-
cede point trois à quatre gouttes, priſes
dans quelque vehicule convenable au
mal. Il tempere les ardeurs des fiévres
malignes & violentes, & conſomme la
pourriture des humeurs dont elles ſont
cauſées. Il purifie le ſang, & penetre
juſques dans les veines : Il eſt diuretique ; il tuë les vers ; appliqué avec un
plumaſſeau il leve les chancres, &
guerit les ulceres de la bouche. Il faut
prendre garde qu'il ne touche autre
partie que le mal, dautant qu'il corrode la chair ; il blanchit les dents ſi on les
en frotte avec un petit drapeau : il aide
à extraire les teintures de toutes ſortes
de fleurs.

L'huile de Vitriol, reſtée cy-devant

au fond de la Cornuë, entre en la composition des emplaſtres pour les ulceres, chancres putrides & inveterez. Il eſt cauſtique, & leve les chairs mortes. L'on s'en ſert pour faire les cauteres potentiels.

Le ſel eſt vomitif ; ſon effect eſt violent : on ne s'en doit ſervir que dans l'extremité. Il y a d'autres vomitifs qui operent avec plus de douceur. La doſe eſt depuis dix juſqu'à vingt grains, ſelon les forces du malade.

CHAPITRE II.

Du Nitre.

De l'eſprit de Nitre.

PRENEZ du Nitre, ou Salpetre depuré & blanc, deux livres, & les mettez dans une Cornuë, & diſtillez au feu par degrez, comme vous avez fait cy-devant. De chaque livre vous tirerez douze onces d'eſprit ; ſerrez-le dans une phiole de verre double, que les deux tiers soient vuides, & la bouchez d'un bouchon de verre. Cet esprit est difficile à garder.

Les vertus de cet esprit sont d'inciser, discuter, & resoudre les vapeurs, & humeurs malignes crües & tartarées, qui se trouvent dans le corps; il dégage les obstructions des visceres, & diminuë la chaleur contre nature; excite les sueurs. Son usage principal est dans la colique, & les fiévres chaudes & malignes. La dose est d'un demy scrupule jusqu'à un scrupule, dans quelque eau convenable.

Cristal mineral.

LE Cristal mineral est fort utile à la medecine, & la maniere de le faire fort facile. Prenez un Creuset d'Allemagne, mettez dedans une livre de Salpetre, & le mettez fondre dessus les charbons sous la cheminée, à chaleur mediocre. Lors que la fusion sera faite, jettez dedans, en trois ou quatre diverses fois deux onces de fleurs de Soufre, ou à leur defaut du Soufre pilé bien menu. Laissez boüillir un quart

d'heure, & oftez avec une Efpatule l'é
cume, ou craffe qui fera deffus. Il faut
avoir un poëlon, ou baffine bien nette,
& bien chaude, toute prefte, dans la
quelle vous verferez ce qui fera dans
voftre Creufet, & pancherez de cofté
& d'autre voftre baffine, pour étendre
voftre Criftal, & le rendre tranfpa
rant. Lors qu'il fera froid, rompez-le
par morceaux, & le ferrez dans une
boëte.

Ses vertus font de lafcher de ventre
doucement. Il eft diuretique; il rafrai
chit; il fert aux inflammations internes;
il eft propre aux fluxions chaudes. On
le fait diffoudre dans les ptifannes pur
gatives, & rafraichiffantes. La dofe eft
d'une drachme jufqu'à deux. L'on le
peut prendre en poudre, incorporé
avec de la conferve de Rofe.

CHAPITRE III.

Du Sel marin.

De l'esprit de Sel marin.

CET esprit se tire de deux manieres;
l'une par distillation, l'autre par
dissolution, & defaillance. Pour toutes les deux il faut decrepiter le sel,
comme il a esté dit au Chapitre des
Operations. Prenez vostre sel decrepité, & le pilez bien menu : si vous le
voulez distiller meslez deux livres de sel
avec une livre de poudre de brique, ou
des fragmens du pot dans lequel vous
l'aurez decrepité : mettez le tout dans
une Cornuë, & y adaptez un Recipient ; dans lequel vous mettrez une
livre d'eau. Luttez & distillez comme
vous avez fait l'esprit de Vitriol. Vostre
operation estant faite, deluttez vos
vaisseaux, & mettez ce qui sera dans le
Recipient dans une Cucurbite de verre,
& retirez l'eau que vous avez mise cy-

devant par la diſtillation du Bain : &
lors qu'il n'en montera plus rien, ceſſez,
l'eſprit demeurera au fond de la Cucurbite, que vous mettrez dans une phiole de verre. Si vous voulez avoir de
l'eſprit de ſel par reſolution, vous mettrez voſtre ſel decrepité dans un ſachet
de toile, que vous ſuſpendrez dans la
cave, & mettrez deſſous un vaiſſeau
pour recevoir la liqueur qui tombera
par defaillance, que vous rectifierez
dans la Cornuë au feu de ſable, & le
dephlegmerez.

Les facultez de cet eſprit ſont incom-
parables; il ſurpaſſe en vertu tous les
eſprits que l'on peut extraire du Mineral. Il diſſipe toutes les impuretez qui
ſont dans le corps; il preſerve de corruption; il fortifie l'eſtomac, & purifie
le ſang: il eſt fort utile aux vieilles perſonnes; il renouvelle la chaleur naturelle. Il le faut prendre dans quelque
eau cordiale. Sa doſe eſt de trois à quatre gouttes: appliqué ſur les ulceres, il
les guerit; il blanchit les dents, & fortifie
les gencives. Pluſieurs Philoſophes aſ-
ſeurent que ſon uſage eſt capable de regenerer l'homme.

CHAPITRE IV.

Du Soufre.

De l'esprit de Soufre.

PRENEZ une Campane de verre, desquelles on se sert pour couvrir les Melons ; suspendez-là par son bouton sous une cheminée : mettrez dessous une petite terrine, dans laquelle vous mettrez des os de Bœuf spongieux bruslez & emondez de leur couverture; ils s'appellent Meche perpetuelle : rangez dessus une livre de Soufre en Canon, auquel vous mettrez le feu avec un fer rouge, ou une chandelle allumée. Panchez la Campane d'un costé pour donner cours à la liqueur qui se formera dedans, afin qu'elle tombe facilement dans un vase que vous mettrez dessous. Cette operation se fait sans que l'Artiste soit obligé d'y estre : il faut laisser brusler tout le Soufre auant que d'en remettre d'autre. Le temps

humide est le plus propre à cette operation. D'une livre de Soufre, quand le
temps est favorable, l'on peut tirer deux
onces d'esprit.

Cet esprit a un nombre infini de facultez : Pris en eau de Cerfueil purifie
le sang. Il fait suer en eau de Chardon-
benit : il mondifie le poulmon en eau
d'Hysope ; il guerit la fiévre quotidiéne
en eau de Rosmarin ; la fiévre tierce en
eau de Centaurée ; la fiévre quarte en
eau de Buglosse. Il appaise la colique en
eau de Camomille ; il desopile la ratte
en eau de Caprès ; il fait vuider les
eaux des hydropiques ; & les urines
supprimées en eau de Persil, ou de Rave ; incorporé avec Mithridat il dissipe
la peste. Sa dose est de cinq gouttes jusques à six. Il est propre aux ulceres de
la bouche ; il blanchit les dents ; il sert
à extraire les teintures des Roses &
Violettes, comme l'esprit de Vitriol.

Fleurs de Soufre.

PRENEZ une livre de Soufre, & le
rompez par morceaux, & le mettez
dans un pot de terre, que vous poserez

touché fur le cofté, fur un fourneau, de
forte qu'il puiffe entrer dans l'embou-
cheure d'un, pot à beure; auquel vous
ferez un petit trou au cul. Luttez vos
deux pots enfemble avec des blancs
d'œufs, & du blanc d'Efpagne : faites
feu fous voftre pot du premier degré,
& continuez jufques à ce qu'il ne forte
plus de fumée par le petit trou que vous
avez fait au pot de beure : laiffez refroidir, & deluttez, vous trouverez vos
fleurs fublimées au haut du pot, que
vous abattrez avec une plume, & les
ferrerez dans un vafe de verre.

Ces fleurs font amies du poulmon,
& le garantiffent de toutes les maladies
qui proviennent de froid, & d'humidité. Elles font bonnes contre la courte-
haleine. La dofe eft d'un demy Scrupule
jufqu'à un Scrupule, avec fucre cuit.
L'on en peut faire tablettes, qui auront
le mefme effect.

Syrop de fleurs de Sonfre.

PRENEZ demy feptier d'eau de vie
rectifiée une fois, du fucre en poudre une demie livre, de fleurs de Sou-

fre une once : mettez le tout dans une
terrine, & y mettez le feu avec une al-
lumette, & remuez l'eau, le sucre &
les fleurs avec une cuillere d'argent,
que vous ferez tenir au bout d'un bâ-
ton de peur de vous brusler, jusqu'à
ce que l'eau de vie ne flambe plus. Filtrez ce syrop, & le mettez dans une
phiole. Il en faut prendre soir & matin
une cuillerée : il est excellent pour le
poulmon, pour les maux de gorge, &
toux inveterée. Son usage n'est point
nuisible à quelque maladie que ce
soit.

CHAPITRE V.

De l'huile des Philosophes.

LEs Philosophes s'attribuent, comme un avantage, la composition de
cette huile. Elle se fait en cette sorte.
Prenez des tuilles, ou briques fraichement faites, comme elles sortent du
fourneau ; reduisez-les en petits morceaux, gros comme des poix, & les

faites rougir dans un Creuset : & lors
qu'ils seront embrasez, jettez-les dans
un pot à demy plein d'huile d'olive
vierge, lequel vous couvrirez aussi-tost :
Vous continuerez de faire comme dessus, jusques à ce que vous en ayez suffisante quantité, & que l'huile les surnage. Laissez le tout imbiber huit jours,
puis broyez & mettez dans une Cornuë, & distillez à feu de degrez, jusqu'à
ce qu'il ne sorte plus de fumée. Si vostre
huile n'est assez claire, vous la rectifierez dans la Cornuë au feu de sable.

L'on attribuë à cette huile quarante-
quatre vertus fort considerables ; &
par veneration elle est appellée des
Philosophes Huile benite. Elle conforte les nerfs, arreste le tremblement de
teste, & des mains ; appaise la douleur
des gouttes, & des jointures. Elle est
souveraine aux affections des oreilles,
provenantes de cause froide, comme
surdité, oreilles coulantes, & bruit
d'icelles. Elle guerit les playes, crevas-
ses, & fissures. Elle échauffe les membres refroidis par accident ; elle appaise
les douleurs de la matrice, & de la

goutte sciatique; elle échauffe & conforte la teste, & le cerveau froid; elle est souveraine contre la morsure des bestes veneneuses; elle fortifie l'estomac; elle arreste les larmes des yeux pleurans, & oste la rougeur d'iceux, si l'on en applique sur toutes lesdites parties: Si l'on en prend cinq ou six gouttes par la bouche dans de l'eau d'Hysope, elle fait revenir les mois retardez. Enfin il semble que cette huile soit universelle contre toutes sortes de maladies.

CHAPITRE VI.

De l'Essence de Carabé, ou d'Ambre.

J'AY esté en peine en quel regne je devois mettre cette operation, quoy que l'Ambre soit assez connu, dautant que les Auteurs en parlent diversement. Les uns le mettent au rang des Gommes, les autres au nombre des Mineraux, dautant qu'il se trouve meslé avec l'or. Pour moy je suis de l'opinion de reux qui le tiennent pour un Bitume, à cause de l'odeur forte qu'il rend quand on le brusle. C'est ce qui m'oblige de le mettre au rang des Mineraux. Prenez de l'Ambre blanc, ou jaune, & le mettez dans une Cornuë, remplie pour le plus à moitié : distillez à feu de sable ; & lors qu'il ne sortira plus de fumée de la Cornuë, cessez vostre operation. S'il se trouve quelque eau avec l'essence, vous la separerez par le vaisseau separatoire.

Cette huile, ou essence, est fort utile. Elle guerit l'apoplexie, trois gouttes prises dans une cuillerée de vin, ou d'eau sucrée. Elle provoque l'urine, & fait vuider le sable en eau de Persil, ou de Fenoüil. Elle est bonne pour le mal caduc, & pour les suffocations de matrice, & convulsions, en eau de Sauge: appliquée au dehors, elle guerit les paralytiques, les playes & ulceres, & fait sortir les esquilles. Elle conforte l'estomac, & arreste le dévoyement, si l'on en frotte lesdites parties.

H

CHAPITRE VII.

Du Corail.

De la Teinture de Corail.

PRENEZ du Corail du plus rouge, & le reduisez en petites parties, & les mettez en un Matras : versez dessus du jus de Citron filtré, qu'il surnage de quatre doigts : bouchez vostre vaisseau, & le mettez en digestion au Bain, & l'y laissez jusques à ce que vous voyez vostre liqueur devenir rouge. Alors vous la separerez par inclination, & remettrez d'autre suc de Citron dessus vostre Corail resté, & mettrez en digestion comme vous avez fait, & continuerez jusqu'à ce que vostre suc ne tire plus de teinture. Prenez toutes les teintures ; sur chaque livre d'icelle vous mettrez deux livres de sucre, & ferez cuire jusques à consistence de syrop.

Cette teinture est excellente pour

arrefter toutes fortes d'hemorrhogie,
tant par haut que par bas. Elle fortifie
l'eftomac, purifie le fang, arrefte la dy-
fenterie, & le vomiffement. Elle empefche la profufion des mois. Elle eft
falutaire, & ne peut faire que bien à
quelque maladie que ce foit. Elle excite doucement le dormir. Elle doit eftre
gardée curieufement dans une phiole
bien bouchée. La dofe eft d'une demie
once jufqu'à une once. L'on y peut
donner un vehicule convenable au mal
pour lequel on la prend.

Magiftere de Corail.

REDVISEZ du Corail en poudre
fubtile, & le mettez dans une
phiole de verre, verfez deffus du vinaigre diftillé, qui furnage la poudre
de trois doigts : mettez en digeftion au
Bain cinq ou fix heures à petite chaleur. La digeftion eftant faite, verfez
par inclination voftre vinaigre, & en
remettez d'autre, & faites digerer, &
continuez cette operation jufques à ce
que le Corail foit tout diffout. Prenez
toutes ces diffolutions, & les filtrez, &

en reſervez une part pour vous en ſervir comme il ſera dit cy-apres : dans
l'autre vous verſerez goutte à goutte
ſuffiſante quantité d'huile de Tartre
faite par defaillance, le Corail ſe precipitera au fond, à maniere de chaux
blanche. Laiſſez repoſer le tout demie
heure, puis verſez par inclination le
vinaigre, & l'huile de Tartre qui ſera
deſſus, lavez & dulcorez cette chaux
avec quelque eau cordiale, & la faites
ſecher doucement. De cette meſme maniere ſe fait le magiſtere des Perles.

Les vertus de ce magiſtere ſont de
conforter, & provoquer les ſueurs; &
il a les meſmes facultez que la teinture.
La dôſe eſt depuis dix grains juſques à
vingt, dans quelque liqueur, ou dans
de la conſerve de Roſe.

Sel de Corail.

FAITES evaporer la liqueur que vous
avez cy-devant gardée juſques à ſiccité, & le ſel ſe trouvera au fond; lequel vous ferez diſſoudre & deſſecher
pluſieurs fois dans quelque eau cordiale, pour oſter l'acrimonie du vinaigre.

Ce fel a les mefmes facultez que la
teinture & magiftere. La dofe eft de
quinze à vingt grains dans un boüillon,
ou autre vehicule.

CHAPITRE VIII.

De l'Antimoine.

Du Crocus d'Antimoine.

LEs Philofophes ont tourné l'Antimoine en tant de façons, que l'on
pourrroit efcrire plufieurs volumes de
leurs operations : je me retrancheray à
trois ou quatre, dont les effects font
affeurez, & experimentez. Prenez de
l'Antimoine, & du Salpetre, partie
égale ; pulverifez-les chacun à part, puis
les meflez enfemble, & en mettez une
cuillerée dans un mortier de fonte fur
les charbons ardans. Vous y mettrez le
feu avec un charbon, puis vous couvrirez le mortier avec la pelle du feu :
Et lors que l'ebulition fera paffée, remuez avec une verge de fer, & remet-

tez une autre cuillerée, & recouvrez
comme deſſus, & continuez juſqu'à ce
que vous ayez mis toutes vos poudres.
Et lors que la matiere ſera rougeaſtre
vous oſterez le mortier de deſſus le feu,
& la laverez & dulcorerez cinq ou ſix
fois avec de l'eau commune : à la derniere fois vous y mettrez deux cuillerées d'eau de Canelle. Vous filtrerez
par le papier gris, & ferez ſecher la
poudre dans un vaiſſeau de verre à chaleur douce.

Cette poudre eſt appellée Saffran à
cauſe de ſa couleur. Elle a la vertu de
faire vomir doucement : elle guerit les
fiévres longues, & rebelles ; elle purge
par les urines, & ſueurs; quelquefois
par les ſelles. La doſe eſt de huit à
quinze grains, infuſez du ſoir au matin
dans un verre de vin blanc. Il faut
prendre ſeulement le vin, & laiſſer la
poudre. C'eſt ce qui s'appelle Vin Emetique. Il ſe fait une poudre Emetique
avec l'Antimoine, le Mercure ſublimé,
& le Vitriol ; laquelle eſt plus violente
que celle-cy.

Antimoine Diaphoretique.

PRENEZ Antimoine & Salpetre, partie égale ; reduifez-les en poudre, & les mettez dans un Creufet, que vous couvrirez d'un autre Creufet percé par le cul. Luttez-les enfemble, & quand le lut fera fec mettez-les au milieu des charbons ardans ; il fe fera un combat qui fera bruit comme à l'operation precedente. Au bout de trois heures tirez vos Creufets, & prenez voftre matiere, & la reduifez en poudre, & la meflez avec autant de Salpetre comme vous y en avez mis au precedent ; mettez le tout dans les Creufets luttez, & mettez au feu ardant dix-huit ou vingt heures, & jufques à ce que la matiere foit tres-blanche. Alors vous la pilerez, laverez, filtrerez trois ou quatre fois, pour ofter l'acrimonie du Salpetre. Il faut que la derniere eau dans laquelle vous la laverez foit quelque eau cordiale, comme Rofe, Canelle, Anis, ou Fenoüil.

Cette poudre eft fudorifique ; elle purge par les urines, & par les fueurs.

H iiij

La dofe eft de dix à quinze grains dans de la conferve de Rofe, ou moële de pommes cuites.

Huile, ou Syrop d'Antimoine.

PRENEZ de l'Antimoine pulverifé à difcretion ; mettez-le dans un Creufet fur le feu, & l'y laiffez cinq ou fix heures, & le remuez toufiours avec une verge de fer, jufqu'à ce que l'Antimoine ait acquis une couleur grifaftre. Oftez le Creufet, & le laiffez refroidir: prenez la maffe que vous reduirez en poudre, & meflerez avec partie égale de fucre fin. Mettez le tout dans une Cornuë, & diftillez au feu de roüe jufqu'à ce qu'il ne monte plus rien. Cette huile purge doucement par les felles, & fans violence : douze gouttes jufques à vingt mifes dans l'infufion d'un gros de Senné, guerit les fiévres quartes & tierces. Il en faut prendre trois fois quand les fiévres font rebelles, & laiffer un jour ou deux d'intervalle, felon la force du malade, & l'effect qu'aura fait le remede precedent.

Teinture d'Antimoine.

PILLEZ de l'Antimoine en poudre impalpable, & la mettez dans un grand vaisseau de terre, qui ne soit point vernissé, & qui puisse souffrir le feu: mettez-le sur un fourneau, ou rechaut, & faites un feu moderé. Remuez sans cesse la poudre avec une vergette de fer, jusqu'à ce que le soufre d'Antimoine soit entierement consommé: ce que vous connoistrez lors qu'il ne rendra plus de fumée, & de flamme bleüe. Il faut pour faire cette operation pour le moins deux fois vingt-quatre heures, & se donner de garde de la fumée, parce qu'elle est fort nuisible. Lors que la poudre sera dessechée de la sorte, mettez-là dans un Matras, & versez de l'esprit de vin dessus, qu'il surnage de quatre doigts; bouchez bien le vaisseau, & le mettez en digestion au Bain-Marie, jusques à ce qu'il devienne rouge: Versez l'esprit teint par inclination, & en remettez d'autre, & faites digerer comme au precedent, & continuez jusqu'à ce que l'esprit ne se

H v

colore plus. Prenez toutes les teintures, & les mettez dans une Cucurbite, & retirez voftre efprit par la diftillation du Bain , & la teinture demeurera au fond ; fur laquelle vous mettrez de l'eau de Canelle , que vous meflerez avec ladite teinture : puis retirez ladite eau par la diftillation du Bain , jufqu'à ce que ladite teinture demeure en confi. ftence de miel. Vous la mettrez dans une phiole bien bouchée : elle merite d'eftre confervée.

Cette teinture eft un remede univer- fel. Elle eft pour toutes fortes de mala- dies. Elle purifie le fang , renouvelle les forces, reftaure la nature , entretient l'humidité radicale , conferve la fanté, guerit toutes fortes de fiévres , appaife les douleurs de la goutte , & purge doucement par les felles , fueurs , & urines. La dofe eft depuis fix gouttes jufqu'à douze , dans un vehicule appro- prié au mal. Il eft bon d'en prendre par precaution deux fois l'année , au Prin- temps , & à l'Automne.

CHAPITRE IX.

Du Fer, ou Mars.

Du Crocus de Mars.

IL est un nombre infini de manieres d'extraire le sel, ou saffran de Mars, dont la pluspart sont longues & penibles. En voicy une fort facile. Prenez de la limaille d'acier bien nette, & la mettez dans un grand plat de fayance : si vous le voulez faire astringent, versez du vinaigre distillé dessus : si c'est de l'aperitif, vous ne mettrez que de l'eau commune. Exposez vostre vaisseau au soleil, & le remuez cinq ou six fois le jour. Et lors que vostre liqueur sera rouge, versez-la par inclination dans un vaisseau toute trouble , & remettez d'autre vinaigre, ou eau, dessus la limaille , & remettez au soleil comme dessus, & continuez jusques à ce que vous ayez ce que vous souhaitez de teinture. Prenez toutes vos teintures ,

& les mettez dans un vaiſſeau, & les
laiſſez repoſer une nuict, le ſaffran demeurera au fond. Verſez par inclination ce qui ſera deſſus: ſi c'eſt de l'a-
ſtringent que vous voulez faire, faites-
le reverberer au fourneau entre deux
Creuſets cinq ou ſix heures. Pour l'a-
peritif, il ſuffit de le ſecher doucement.

Les vertus du Crocus aſtringent ſont
de reſſerrer, & de ſecher ; c'eſt pourquoy l'on s'en ſert à la dyſenterie, &
lienterie, & autres maladies ſemblables.
Les vertus de l'aperitif ſont d'attenuer,
& d'ouvrir les obſtructions. L'on en
fait prendre pour les paſles couleurs, &
pour faire venir les purgations.

Autre Crocus de Mars aperitif.

PRENEZ de la limaille d'acier, &
Soufre pilé, partie égale, mettez-le
dans un Creuſet ſur les charbons ardans, & remuez ſans ceſſe avec une
Eſpatule de fer juſqu'à ce que tout le
Soufre ſoit bruſlé, & qu'il ne rende
plus de flamme. Alors mettez de nouveau Soufre, & remuez comme vous

avez fait ; & reïterez deux, trois, ou quatre fois cette operation, jusqu'à ce que voltre limaille devienne en poudre, & se froisse sous les doigts. Ce qui eltant fait, vous la pilerez, & serrerez dans une phiole de verre.

Ce Crocus elt aperitif : il elt bon pour les maladies epatiques, & elt du nombre des remedes diuretiques.

Vitriol de Mars.

METTEZ de la limaille d'acier dans un Matras, verlez deffus de l'eau aguifée d'efprit de Soufre, ou de Vitriol, tant qu'elle foit aigrette : mettez voltre Matras en digeltion fur les cendres chaudes vingt-quatre heures ; feparez par inclination l'eau, & en remettez d'autre, & faites comme deffus, & continnez jufqu'à ce que l'eau que vous mettrez foit auffi aigre comme quand vous l'y avez mife. Prenez toutes vos eaux impregnées, & en faites evaporer les trois parts fur le feu dans une terrine, & mettez la partie reltante à la cave : il fe formera des criltaux de couleur de Vitriol, que vous leverez avec

une cuilliere d'argent, & les ferrerez
dans une phiole de verre. Faites evaporer les trois parts de l'eau reftante,
mettez à la cave, & continuez jufqu'à
ce qu'il ne fe forme plus de criftaux.

Ce Vitriol eft un fpecifique pour toutes obftructions, tant epatiques que
pleniques. Il guerit la jauniffe. Sa dofe
eft d'une drachme jufqu'à deux dans
un boüillon, ou dans de la conferve de
Rofes.

CHAPITRE X.

Du Cuivre ou Venus.

Du Vitriol de Venus.

PRENEZ du cuivre calciné ; il s'en
trouve chez les Efpiciers ; il s'appelle *es uftum* : reduifez-le en poudre, &
le mettez dans un Matras : verfez deffus de l'eau, qu'elle furnage de trois
doigts : mettez le vaiffeau en digeftion
au feu de cendre, & l'y laiffez jufques
à ce que l'eau devienne bleüe, &

qu'elle ait acquis un petit gouſt acide
& vitriolé. Verſez la liqueur par inclination, & remettez de l'eau ſur les feces, & continuez juſques à ce que voſtre matiere ne teigne plus. Prenez
toutes vos eaux teintes, & les filtrez,
& les mettez dans une terrine ſur le
feu, & faites evaporer l'eau juſqu'à ce
qu'il ſe forme une petite pelicule au
deſſus. Alors mettez le vaiſſeau à la cave, les criſtaux tomberont au fond,
que vous ſeparerez d'avec l'eau, & les
mettrez dans un verre un peu large, &
les laiſſerez ſecher à l'ombre ; puis vous
les garderez dans une phiole de verre
bien bouchée.

Ce Vitriol eſt ſingulier pour le mal
des yeux où il n'y a point d'inflammation. Il le faut diſſoudre dans de l'eau
de Roſe, ou de Plantain.

CHAPITRE XI.

Du Plomb, ou Saturne.

Du Sel, ou Sucre de Saturne.

SANS se donner la peine de calciner le Plomb, qui est une operation longue & penible, l'on en trouve facilement chez les Espiciers, & s'appelle *Minium*. Vous en prendrez à discretion, & le mettrez dans un Matras. Versez par-dessus du vinaigre distillé, qu'il surnage de trois ou quatre doigts: mettez le vaisseau en digestion au Bain à douce chaleur, & l'y laissez jusqu'à ce que le vinaigre ait acquis une douceur. Alors versez-le par inclination, & remettez d'autre vinaigre, & faites digerer, & continuez jusques à ce que le vinaigre ne tire aucune douceur: prenez tout vostre vinaigre adoucy, & le filtrez. Si vous voulez faire le magistere de Saturne, vous reserverez une part dudit vinaigre, & ferez evaporer

l'autre jufques à ficcité, à chaleur douce, ou ferez diffoudre ce qui reftera
dans le vaiffeau dans de l'eau commune; puis filtrerez & deffecherez comme au precedent, & reïtererez cette
operation cinq ou fix fois, & vous aurez un fel, ou fucre fort doux.

Il a la vertu de rafraichir ; il eft bon
pour les inflammations, tant intcrieu-
res qu'exterieures, pris le poids de cinq
ou fix gouttes dans de l'eau Rofe, ou
de l'eau de Plantain. Il eft bon appliqué
fur les bruflures?, pour les rafraichir,
meflé avec huile de Tartre, fait par defaillance; il guerit les ulceres, & ofte
les taches rouges qui viennent au vifage diffout dans de l'eau de fraife ; il
ofte les inflammations & rougeurs des
yeux, fi on les en lave foir & matin ; il
guerit les dartres diffout dans du vinaigre, & appliqué deffus.

Magiftere de Saturne.

POvr faire le magiftere de Saturne
vous prendrez l'autre part de la liqueur que vous avez cy-devant refer-
vée : verfez deffus goutte à goutte de

l'huile de Tartre faite par defaillance,
autant qu'il en fuffira ; la matiere blanche fe precipitera au fond , que vous
laifferez repofer une heure ou deux:
Vous verferez par inclination le vinaigre, & l'huile de Tartre qui feront deffus ; lavez, filtrez, dulcorez, & deffechez
la maffe à chaleur temperée, & ferrez
ce magiftere dans un vafe de verre.

Ce magiftere a les mefmes vertus que
le fel de Saturne : il eft convenable aux
inflammations internes & externes ; il
entre en la compofition de quelques
emplaftres. La dofe eft d'un demy fcrupule à un fcrupule, diffout dans quelque eau convenable.

Huile de Saturne.

SI vous voulez avoir de l'huile de Saturne, eftendez du fucre preparé
comme deffus fur une affiete de fayence, & la mettez à la cave un peu pan-
chante, un vaiffeau deffous. Ce fucre fe
diffoudra en forme d'huile , & tombera
par defaillance. Son ufage eft fingulier
aux eryfipeles, inflammations & ulceres:
il mondifie les playes , & les adoucit.

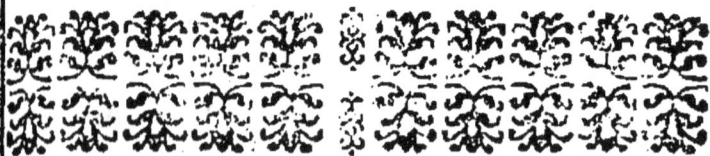

CINQIESME PARTIE.

AVANT-PROPOS.

E ne pretends point tirer avantage des remedes que je mets en lumiere, comme eſtant de ma compoſition : j'avoüe que la plus grande partie eſt des ordonnances de Medecins tres-conſiderables de la Faculté de Paris, qui les ont ordonnées charitablement à des pauvres malades, que j'ay miſes en pratique ; leſquelles ont tres-heureuſement reüſſi. Vne autre partie m'a eſté donnée par mes amis. Ie ne puis nier auſſi qu'il n'y en ait quelques-uns de ma compoſition, dont l'experience eſt tres-certaine. Ie le puis aſſeurer, les ayant tous experimentez. Dans les Traitez precedens j'ay enſeigné la ma-

nieré d'operer, & de quelle façon il
falloit preparer les remedes ; & j'ay
donné les vertus & les facultez de plufieurs Mixtes. Il nous refte maintenant
de les mettre en pratique. C'eft ce que
je pretends enfeigner dans cette Partie.
Ie prie toutes les perfonnes qui feront
foulagées par ces petits remedes, de fe
fouvenir de moy dans les prieres qu'elles feront à Dieu. C'eft la feule grace
que je leur demande.

CHAPITRE PREMIER,

Des Eaux composées.

Eau contre les douleurs de la tefte.

PRENEZ fleurs & fueilles de Sauge,
de Betoine, de Rofes pafles, & de
Muguet, de chacune deux poignées;
pilez les dans un mortier de pierre, &
les mettez dans une Courge de verre.
Verfez deffus trois livres de fuc de laictuë, & de pourpier : puis diftillez au
Bain-Marie à l'eau boüillante, jufques

ques à ce que les feces soient seiches. Il faut boire par neuf matins de cette eau à jeun le poids de deux onces : Il faut aussi en étuver les tempes, les narines, & la partie douloureuse de la teste. Elle appaise aussi les douleurs de la migraine.

Eau pour les yeux troubles & chargez.

PRENEZ Plantain, Rüe, Fenoüil, Chelidoine, Marjolaine, parties égales, que vous pilerez, & en exprimerez les sucs. Sur deux livres desdits sucs mettez une livre de miel blanc, Antimoine crud, reduit en poudre, une once : puis distillez au Bain, à feu doux de peur que le miel ne gonfle, jusqu'à ce qu'il ne monte plus rien. Il faut se laver les yeux de cette eau soir & matin, & mettre une compresse trempée dedans sur les yeux durant la nuit.

Eau contre l'inflammation des yeux.

PRENEZ Morelle, Plantain, & Roses, de chacune deux poignées ; pilez-les dans un mortier de pierre, &

les mettez dans un vaiſſeau pour diſtiller, avec une pinte de vin blanc. Faites-les digerer une nuit au bain, puis
diſtillez à feu doux : dans une livre de
cette eau mettez diſſoudre ſur cendres
chaudes deux drachmes de ſel de Saturne. On mettra trois ou quatre fois
de cette eau ſur l'inflammation.

Autre eau contre l'inflammation des yeux, & qui les fortifie.

PRENEZ Euphraiſe, Fenoüil, Plantain, & Cerfueil, de chacune deux
poignées ; pilez-les, & les mettez avec
deux livres d'Eau-roſe dans une Cucurbite : plus deux drachmes d'Aloës,
demie once de Couperoſe blanche, une
drachme de Camphre ; puis diſtillez le
tout au Bain boüillant, & en mettez
le plus ſouvent que vous pourrez dans
les yeux avec une plume.

Eau qui guerit les fiſtules lacrymales.

PRENEZ therebentine de Veniſe,
Tartre blanc, de chacun quatre onces ; Maſtic, & gomme Arabic de cha-

cune deux onces, Couperose blanche
une once : pilez ce qui se peut piler, &
mettez le tout dans une Cornuë , &
distillez au feu de sable, gardant les degrez du feu jusques à ce qu'il ne sorte
plus de fumée. Avant que de se servir
de cette eau il est à propos de se purger
deux ou trois fois, par des remedes qui
tirent du cerveau ; comme il sera dit au
Chapitre des purgations. Il faut aussi
tous les matins faire friction sur les
épaules, & la nucque du col, avec un
linge neuf un peu chauffé , pour dé-
tourner les humeurs. On mettra cinq
ou six fois de cette eau sur le mal , avec
un plumaceau. Il faut aussi estuver soir
& matin le tour de la fistule avec l'esprit de vin.

Eau facile à faire pour le mal des yeux.

PRENEZ des œufs frais , & les faites
durcir dans la braise : vous en osterez les jaunes, & mettrez en leur place
de la Couperose blanche, & du sucre
Candi reduits en poudre , parties égales. Exposez-les devant le feu sur une

assiete : il en sortira une liqueur laquelle on appliquera sur les yeux, pourveu
qu'il n'y ait point d'inflammation.

Eau pour la surdité.

PRENEZ esprit de vin, & du suc de
Betoine, de chacun demie livre ; un
gros oignon blanc coupé par tranches,
fleurs de Rosmarin une poignée, amandes ameres quatre onces, une grosse
anguille dépoüillée de sa peau, & coupée par morceaux: faires distiller le tout
par la Cornuë au feu de sable. Il faut
mettre tous les soirs de cette eau dans
l'oreille, trois ou quatre gouttes un
peu tiedes, puis tremper du coton dedans, & le mettre dans l'oreille. Il faut
continuer quarante jours.

Autre eau pour la surdité.

PRENEZ douze oignons blancs, six
oignons d'ail, Betoine & Morelle,
de chacune quatre poignées : pilez le
tout ensemble, puis l'exprimez, & distillez au Bain. Meslez avec l'eau qui
distillera de l'huile d'amandes ameres,
& de l'huile rosat, de chacune une
once.

once. Prenez un peu de ladite compofition , & la faites chauffer dans une
cuilliere d'argent , & en mettre dans
les oreilles, comme cy-deſſus.

Eau contre la douleur des oreilles.

PRENEZ trois livres de therebentine
de Veniſe bien lavée, Maſtic, Encens , Myrrhe, Ladanun , de chacun
une once : diſtillez par la Cornuë à feu
de ſable. Mettez de cette liqueur un
peu chaude ſur la partie douloureuſe :
Si l'on en met dans l'oreille , elle a la
vertu d'apaiſer les bruits, & ſifflemens
qui s'y forment.

Eau contre les palpitations de cœur, & contre les affections de la ratte.

PRENEZ fleurs de Bourrache , Bugloſe , Sauge, & Roſmarin , de chacune quatre onces ; Cloud de Girofle,
Canelle , & Safran , de chacun une
drachme : mettez le tout dans une Cucurbite ; verſez deſſus quatre livres
d'excellent vin blanc ; faites digerer

I

trois jours, puis diſtillez au Bain boüillant. On prendra tous les matins de cette eau pendant huit jours, depuis une
once juſques à deux.

Eau contre la melancholie.

PRENEZ Chardon-benit, Hyſope,
Meliſſe, Bourrache, Bugloſe, partie égale; pilez le tout, & en exprimez
le ſuc: prenez quatre livres dudit ſuc,
deux pintes de vin blanc, & les mettez
dans une Cucurbite, avec ſix onces
de fleurs de Roſmarin ſeiches, une
drachme de Canelle coupée par morceaux, un ſcrupule de Safran; puis diſtillez le tout au Bain. Il faut prendre
deux fois la ſemaine de cette eau le
poids d'une once. Il eſt à propos deuant
que de s'en ſervir, de ſe purger avec ſix
grains de teinture d'Elebore noir, delayée dans un verre d'eau de Meliſſe.

Eau qui fortifie l'eſtomac.

PRENEZ des écorces de Citron, &
d'Oranges ſeiches, de chacune deux
onces; fueilles de Marjolaine une once,
Canelle & Girofle, de chacun deux

gros : faites infuſer le tout vingt-quatre heures au Bain dans trois livres d'eſprit de vin ; puis diſtillez à l'eau boüillante. Il faut prendre deux fois la ſemaine une cuillerée de cette eau dans un boüillon, ou dans quelque eau cordiale, comme Chardon-benit, Bourrache, ou Bugloſe.

Eau qui provoque l'urine ſupprimée, & fait vuider le ſable des reins.

PRENEZ douze Citrons, & douze Grenades, & les coupez par tranches, & les mettez dans un Alembic de cuivre, avec les herbes qui ſuivent ; ſçavoir, Perſil, Meliſſe, Hyſope, Saxifrage, Pimpinaelle, Philanthropos, ou Gratteron, de chacune deux livres : Verſez deſſus douze pintes d'eau commune ; diſtillez par le Refrigeratoire à feu de flamme au commencement, lequel vous diminuerez lors que l'eau commencera à diſtiller. Quand vous aurez quatre pintes d'eau ceſſez. Il faut avant que d'uſer de cette eau, ſe purger des humeurs choleriques & phlegmatiques. Il est aussi necessaire d'observer un regime de vivre : pour cet effect on prendra l'advis d'un prudent Medecin; apres lequel, on boira tous les matins un grand verre de cette eau dans le declin de la lune : s'il se peut on fera exercice apres, sinon on se tiendra au lict chaudement.

Eau qui dissout la pierre, & la fait vuider par les urines.

PRENEZ therebentine de Venise une livre, fruict d'Alchechange demie livre, suc de Persil une livre, Vitriol Romain demie livre : pilez les fruits & le Vitriol, mettez le tout dans une Cucurbite, avec quatre livres de vin blanc ; puis distillez au Bain boüillant jusques à ce que les feces demeurent seches. Il faut prendre soir & matin deux onces de cette eau dans un verre de vin blanc, & continuer quarante jours.

Eau qui guerit la gravelle.

PRENEZ des amandes de noyaux de Pesches une livre ; poix chiches

deux livres , fueilles de menüe Sauge
une livre : pilez tout , & mettez dans
une Cucurbite , avec fix livres de vin
blanc : faites digerer une nuit au Bain ,
puis diftillez à feu fort. Il faut boire
tous les matins une once de cette eau :
une heure apres on prendra un boüillon fait de volaille , & de veau ; dans
lequel on fera diffoudre vingt grains de
crefme de Tartre. Il'eft neceffaire de
continuer un mois entier, ou environ.

Eau contre la pefte.

PRenez fuc de Scabieufe une livre, de
Rofes de Provins une once, écorces
de Citrons & d'Orãges feiches rappées,
de chacune deux onces , Theriaque
de Venife une once, Canelle, & Cloud
de Girofle , de chacun deux drachmes :
faites infufer le tout vingt-quatre heures dans une pinte d'eau de noix ; puis
diftillez à feu doux. L'on en peut prendre depuis une once jufques à deux, le
matin à jeun en temps de pefte. De plus
elle fortifie les eftomacs froids & debiles.

Eau specifique contre la peste.

PRENEZ écorces de noix, quand elles se dépoüillent facilement de deffus la noix; fueilles & cimes de Rüe, parties égales : pilez les dans un mortier de pierre, & les mettez fermenter trois jours à la cave ; puis diftillez au Bain. L'on en prendra tous les matins deux cuillerées en temps de pefte. C'eft un fouverain prefervatif.

Eau qui guerit les pafles couleurs.

PRENEZ Sauge, Hyfope, Rofmarin, & Sabine, de chacune une livre; pilez-les dans un mortier de pierre, & les mettez fermenter huit jours à la cave dans une Cucurbite de verre, avec quatre livres de vin blanc; puis vous diftillerez au Bain boüillant jufques à ce que le marc foit fec. Prenez une livre de cette eau, & mettez dedans une demie once de Crocus Martis dans un petit fachet de toile. L'on prendra tous les matins une once de cette eau, jufques à deux. Il faut continuer quarante jours; le Crocus Martis fervira toûjours:

on n'aura qu'à remettre de nouvelle eau dessus. Apres avoir beu ladite eau on fera le plus d'exercice que faire se pourra.

Eau qui fait venir les purgations.

Prenez Armoise & Hysope, de chacune deux poignées; Safran, Canelle & Girofle, de chacun une drachme: mettez le tout dans une Courge, avec quatre livres de vin d'Espagne : au defaut vous prendrez d'excellent vin blanc. Laissez infuser une nuit au Bain , puis distillez. Il faut prendre tous les matins un demy verre de cette eau huit jours devant le temps qu'on a accoustumé d'avoir ses purgations , & huit jours apres.

Eau qui arreste les purgations immoderées, & les pertes de sang.

Prenez Plantain, Morelle, Endive, laictuë, parties égales, & les pilez, & en exprimez les sucs; puis les distillez au Bain. Il faut boire de cette eau trois jours de suite, soir & matin, deux onces à chaque fois.

Autre eau qui arreste les pertes de sang.

PRENEZ le dedans de douze Citrons, & de douze Grenades, quatre onces de Roses de Provins, deux livres de bon vin rouge de trois ou quatre fueilles ; puis distillez le tout au Bain. Prenez deux onces de cette eau , faites dissoudre dedans dix grains de sel de Corail. Il la faut prendre le matin à jeun, & le soir deux heures apres le repas , & continuer quatre jours.

Eau qui facilite les accouchements.

PRENEZ Sauge, Tanaisie, Hysope, de chacune deux poignées : pilez-les dans un mortier , & les mettez dans une Cucurbite, avec une livre de miel de Narbonne , Canelle & Girofle de chacun une drachme, Rheubarbe coupée par morceaux une once , therebentine de Venise deux onces , d'Epithyme une drachme , vin blanc deux livres. Faites infuser le tout au Bain douze heures, puis distillez. Il faut prendre tous les matins deux cuillerées de

cette eau l'efpace de quinze, ou feize
jours devant le temps de l'accouchement, & fe promener une bonne heure
apres l'avoir prife. Cette eau eft auffi
excellente contre la colique venteufe ;
fi l'on y adjoufte huit ou dix gouttes
d'effence de Sauge , ou de Tanafie,
dans une cuillerée de ladite eau , la
donnant à boire à une femme de qui
l'enfant feroit mort dedans le ventre,
ou de qui l'arriere-faix feroit demeuré,
elle fera fortir l'un & l'autre : fi la premiere fois ne fuffit, il faut reïterer une
demie heure apres.

Eau qui purifie la matrice , & qui ar-
refte les fuffocations.

PRENEZ racines & fueilles de Violette bien nettes, quatre poignées ;
fueilles de Perfil, deux poignées ; fei-
gle, avoine & orge, de chacun une poignée : mettez toutes ces chofes dans
une Cucurbite ; verfez deffus quatre
livres de vin blanc ; faites-les fermenter
huit jours à la cave, puis les diftillez au
Bain boüillant. Il faut prendre trois ou
quatre fois la femaine de cette eau, le

I v

matin à jeun. La dose est d'une once jusques à deux.

Eau contre l'hydropisie.

PRENEZ racines d'Iris, & d'Hyeble, de chacune deux onces ; Persil, Fenoüil, Ache, Berle, de chacune deux poignées ; Cubebes une once, Safran demie once, therebentine de Venise quatre onces, Canelle & Girofle de chacun demie once. Faites infuser le tout vingt-quatre heures au Bain boüillant ; cohobez deux fois l'eau distillée sur les feces. L'on boira demy verre de cette eau le matin, & le soir. Il faut que le malade se promene le plus long-temps qu'il pourra, sinon il demeurera au lict chaudement.

Eau contre les tremblements de la teste, & des mains.

PRENEZ fueilles de Persil une poignée, fueilles & semences d'Ache, de chacune deux poignées ; graine de Pavot blanc une once : pilez le tout dans un mortier de pierre ; mettez-les infuser dans six livres d'eau de Sauge

dedans une Cucurbite ; adjouſtez demie once de Girofle, une once de Canelle, quatre onces de ſucre ; diſtillez
au Bain boüillant : vous ferez diſſoudre
dans une livre de l'eau diſtillée une
once de Caſtoreum. il en faut boire une
once tous les matins, durant un mois.
Il faut auſſi s'en laver la teſte, le col, les
bras, & les mains, ſi elles tremblent.

Eau qui fait venir le laiŠt aux Nourrices.

PRENEZ racines, fueilles, & ſemences
de Fenoüil, ſix poignées ; orge mondé une livre, pois chiches deux livres :
mettez le tout dans l'Alembic de cuivre ; verſez deſſus vingt livres d'eau,
mettez en digeſtion ſur cendres chaudes vingt-quatre heures, puis diſtillez
par le Refrigeratoire : lors que vous
aurez dix livres d'eau, ceſſez. La nourri-
ce boira de cette eau à ſes repas : elle
pourra mettre dans chaque verre deux
ou trois cuillerées de vin.

CHAPITRE II.

Des Syrops.

Syrop. de Mercuriale.

FAVT prendre suc de Mercuriale
huit livres, sucs de Buglose & Bourrache, de chacun deux livres : mettez-
les dans une bassine de cuivre rouge,
avec douze livres de miel de Narbonne : faites boüillir une demie-heure à
feu doux , & écumez le miel ; puis filtrez par la chausse d'hypocras. Prenez
quatre onces de racines de Gentiane,
une demie livre de racines de Flambe ;
coupez-les par tranches, & les mettez
infuser vingt-quatre heures sur les cendres chaudes dans trois livres de vin
blanc ; filtrez ladite infusion sans l'exprimer , & la mettez avec les choses cy-
dessus ; puis les faire cuire en consistence de syrop, lequel se puisse garder un
an, dautant qu'il en faut prendre toute
l'année tous les matins une cuillerée à

jeun. Toute la composition cy deſſus n'eſt que pour une perſonne. Ce ſyrop fortifie, purge, purifie le ſang, & rafraichit : il conſerve la jeuneſſe : il n'y a preſque point de maladies contre leſquelles il ne ſerve de remede. Il eſt neceſſaire avant que d'en uſer d'eſtre purgé. Il peut eſtre nuiſible aux ratteleux, à cauſe de la quantité de miel dont il eſt compoſé.

Syrop pour faire dormir.

PRENEZ ſuc de pourpier, & de laictuë, de chacun deux livres; fleurs de Nenuphar, & fleurs de Pavot châpeſtre, autrement dit Rheas, ou Coquelicos, de chacune demie livre : faites boüillir les ſucs & les fleurs enſemble environ un quart d'heure ; puis filtrerez par la chauſſe, & mettrez du ſucre livre pour livre, & ferez cuire en conſiſtence de ſyrop. Il faut écumer tous les ſyrops ſur la fin de leur cuiſſon. On en prendra le ſoir en ſe mettant au lict une once dans un verre d'eau d'orge : il rafraichit, il fait dormir, & eſt tres-excellent contre les inflammations du poulmon.

Syrop pour le poulmon.

IL faut prendre suc d'Hyſope deux
livres, ſucs de Bourrache, de Bugloſe,
de Meliſſe, & choux rouge, de chacune une livre; fleurs de Soufre deux onces : faites boüillir le tout enſemble un
quart d'heure, puis paſſez-le ſans exprimer, & mettez du ſucre à diſcretion,
& en faites ſyrop. Il en faut prendre le
matin, à midy, & le ſoir avant le repas
deux cuillerées dans un verre d'eau
d'Hyſope. Il empeſche & corrige les
indiſpoſitions du poulmon.

Syrop contre l'hydropiſie.

IL faut prendre ſuc de Raves, de Perſil, de Mercuriale, de Cerfueil, de
Chardon-benit, de chacun demie livre;
graine d'Hyeble, & de Genievre, de
chacune une livre; le dedans de douze
Citrons : faites boüillir le tout enſemble juſques à ce que les graines ſoient
cuites; puis filtrez, & mettez deſdits
ſucs & ſucre, livre pour livre, & faites
ſyrop. Le malade prendra une once de
ce ſyrop dans deux onces d'eau de

Chardon-benit quand il se mettra dedans le lict, & il se couchera chaudement; ce remede le purgera par les urines, ou par les sueurs. Ce syrop est aussi
tres-bon pour les graveleux, & pour
ceux qui ont peine à uriner.

Syrop contre la douleur de la teste,
& purgatif.

IL faut prendre suc de Sauge, & de
Betoine, de chacun une livre; Roses
pasles deux livres, Agaric coupé par
tranches une once; Canelle & Girofle
de chacun une drachme: faites infuser
le tout une nuict sur cendres chaudes,
puis faites boüillir un quart d'heure,
apres, passez & mettez livre pour livre
de sucre pour en faire syrop; duquel
on peut prendre depuis une once jusques à deux dans un verre d'eau de Betoine; & deux heures apres un boüillon. Il purge doucement la pituite du
cerveau.

Syrop violat purgatif.

PRENEZ fleurs de Violette entieres, sans en rien oster que les queües, une livre ; faites-les infuser douze heures dans deux livres d'eau, puis les passez & exprimez, & remettez de nouvelles fleurs une livre dans ladite expression, & faites infuser comme au precedent, avec une once de Rheubarbe coupée par tranches; puis exprimez, & faites syrop, mettant livre pour livre de sucre. Quand on voudra se purger, on en prendra depuis une once jusques à deux dans un verre de ptisane laxative, composée de Chiendent, Cichorée, Pimpinnelle, & Senné; comme il sera dit au Chapitre des ptisanes laxatives. Il purge la bile, tempere & rafraichit lacrimonie des humeurs ; mais il ne se garde pas plus de quatre mois.

Syrop de Roses muscades.

PRENEZ une livre de Roses muscades, faites-les infuser une nuict dãs deux livres de decoction faite de racines & fueilles de Bourrache & Cichorée; puis

coulez & mettez du sucre à discretion,
& faites syrop. Vne once de ce syrop,
prise le matin, purge doucement &
benignement les serositez, & n'oblige
point de garder la chambre,

Syrop qui arreste la diarrhée, la dysen-terie, & flux de sang.

IL faut prendre suc de Limon, & de
Grenade, de chacun une livre; fruits
de Coing deux livres : faites infuser le
tout douze heures avec une drachme
de Canelle; puis passez & mettez trois
quarterons de sucre pour chaque livre de suc. L'on prendra deux ou trois
fois par jour de ce syrop, une once à
chaque fois dans un verre d'eau ferrée.
Il faut continuer trois ou quatre jours
de suite.

Syrop pour fortifier l'estomac.

FAVT prendre Absinthe, Mente &
Bayes, ou graines de Genievre, de
chacune deux poignées, & en faire decoction : mettez infuser une nuict dedans Canélle, Girofle, Zinzembre &
Muscade, de chacune un scrupule;

puis coulez & mettez fucre à difcretion pour en faire fyrop. Vne cuillerée
de ce fyrop, prife devant le repas, fortifie, aide à la digeftion ; & réjoüit le
cœur.

Syrop pour faire venir les purgations, *& guerir les pafles couleurs.*

PRenez Abfinthe, Lavande, & Hyfope, de chacune deux poignées;
faites-les boüillir dans fix livres d'eau
jufques à reduction de moitié : puis exprimez, & mettez infufer vingt-quatre
heures dedans du Safran, Canelle, &
Girofle, de chacun une drachme :
paffez & faites fyrop avec partie égale
de fucre. Il faut prendre matin & foir
de ce fyrop le poids d'une once. Il faut
mefler fon vin avec de l'eau dans laquelle on aura mis tremper du Crocus
Martis, & continuer un mois.

Syrop de pommes purgatif.

PRenez douze pommes de Reinette,
& les coupez par tranches, une demie livre de pruneaux de Damas noir;
faites les boüillir dans fix livres d'eau,

ſuſques à ce que les pommes & les pruneaux ſoient bien cuits : puis vous les
exprimerez , & mettrez infuſer dans
l'expreſſion deux onces de Senné l'eſpace de douze heures ſur les cendres
chaudes , avec une drachme de Canelle
& de Zinzembre ; puis vous coulerez
comme au precedent , & mettrez livre
pour livre de ſucre , pour en faire ſyrop.
Pour ſe purger il en faut prendre depuis une once & demie juſques à deux.
Ce ſyrop n'eſt point dégouſtant , &
purge doucement l'humeur bilieuſe , &
pituiteuſe.

Autre Syrop purgatif

VOvs prendrez racines & fueilles
de Cichorée, Bourrache, Buglo-
ſe & Meliſſe , de chacune demie livre :
coupez les racines , & pilez les fueilles ,
& les mettez dans ſix livres d'eau commune , avec quatre onces d'orge mondé : faites boüillir le tout enſemble juſques à diminution de la moitié ; puis
coulez ſans exprimer , & mettez dans
ladité coulature infuſer ſur cendres
chaudes vingt-quatre heures , deux

onces de Rheubarbe coupée par tranches, avec une once de Senné, & demie drachme de Zinzembre : puis coulez & exprimez, & mettez trois quarterons de sucre pour livre de coulature
faites cuire en consistence de syrop. C
syrop purge la pituite tartareuse du
ventricule, & des parties voisines : i
guerit la jaunisse. On en peut prendre
depuis deux onces jusques à trois. Lor
que l'on voudra se purger le cerveau, i
faut prendre une once & demie de ce
syrop, & le mettre avec une once de
syrop de Roses pasles.

CHAPITRE III.

Des Ptisanes.

Ptisane purgative.

PRENEZ racines de Chiendent,
d'Oseille, Pisse-en-lict, Cichorée,
Endive, & Scorsonaire, de chacune
demie poignée : herbes de Buglose,
Bourrache, Endive, Cichorée, Pourpier, & des quatre Capillaires, de cha-

un une poignée : faites cuire le tout
dans quatre livres d'eau, à diminution
d'une livre : adjoustez sur la fin un peu
d'Anis, & de Coriandre, une once de
Senné, deux drachmes de Cristal mineral ; faites infuser douze heures sur
les cendres chaudes. Il en faut boire le
matin à jeun ; & apres midy, trois heures apres le repas ; & le soir si l'on veut
en se couchant un verre à chaque fois.
Cette ptisane purge doucement l'humeur melancholique, & la pituite, &
desopile la ratte.

Autre ptisane purgative.

VOus prendrez racines d'Enule
Campane, de Guimauve, de Ci-
horée sauvage, de chacune une poignée : faites les cuire dans deux pintes
d'eau, à diminution du tiers : vous ad-
ousterez sur la fin un peu de Scolopan-
dre, avec une poignée de Roses, une
pincée d'Anis ; puis coulez & faites infuser dans la coulature une once de
Rheubarbe coupée par petites tranches, une drachme d'Agaric trochisqué,
demie once de Senné, le temps de

douze heures. Il faut boire de cette
ptisane deux ou trois fois la semaine
estant à jeun un grand verre ; principalement au Printemps , & à l'Automne
dans le decours de la lune. Elle purge
la bile noire & bruslée , avec les humeurs pituiteuses , tant des parties hau-
tes , que des basses.

Ptisane rafraichissante , & aperitive.

PRENEZ racines de Mauve , de
Guimauve, Nenuphar , & d'Iris,
chacune une poignée: Violette, Morelle , Reine des prés , pimpinnelle,
laictuë ; de chacune une poignée ; San-
tal Citrin deux drachmes : faites boüillir le tout dans six livres d'eau , à diminution du tiers ; puis coulez & faites
infuser douze heures dans la coulature
une once de Cristal mineral , Casse
mondée deux onces; Manne de Calabre
une once, le suc de trois Citrons. Cette ptisane , outre qu'elle rafraichit , elle
purge les humeurs bruslées , & donne
de l'appetit.

Ptisane qui purifie le sang.

VO v s prendrez racines & fueilles de Cichorée , Chardon-benit , Cerfueil , Persil, de chacune une poignée : oftez les cordes des racines ; une poignée de graines de Genievre concassée : faites boüillir le tout dans quatre livres d'eau , à diminution de moitié : filtrez & mettez dans ce qui passera une once de Cristal mineral. Il faut boire tous les matins à jeun durant huit jours , un grand verre de cette ptisane au decours de la lune.

Ptisane qui dissipe les enflures du ventre & des iambes , qui restent apres la fiévre.

PRenez Aigremoine, Pimpinnelle, Betoine, Chiendent, Cichorée racines & fueilles , à la referve de la Betoine ; de laquelle les racines font vomitives , de chacune une poignée : faites-les boüillir dans quatre livres d'eau , à diminution du tiers ; puis filtrez, & mettez infufer dans ladite decoction une once de Senné, avec une drachme de Canelle coupée par morceaux. Il faut boire à jeun un grand verre de cette ptisane, & autant apres disner, trois ou quatre heures apres le repas.

Ptisane rafraichissante.

VOvs prendrez racines de Nenuphar, fueilles & racines de Cichorée, & de Cerfueil, de chacune une poignée : quatre pommes de Reinette coupées par morceaux, une poignée d'orge : faites le tout boüillir environ une demie heure dans quatre livres d'eau ; puis ostez le vaisseau de dessus le feu, & mettez un petit baston de Reglisse raticé, & coupé par petits morceaux, & couvrez le vaisseau, & laissez refroidir. Cette ptisane est rafraichissante & humectante. Ceux qui sont échauffez au dedans en peuvent boire à leurs repas : comme aussi ceux qui sont travaillez de la fiévre.

Ptisane pour le poulmon.

PRENEZ Hysope, Chou-rouge, Chiendent, pisse-en-lict, de chacune une poignée; six figues, raisins de de Damas, & Iujubes, de chacun une once; oftez les pepins des raisins : une once de fleur de Soûfre, que vous mettrez dans un fachet de toile, une poignée d'orge : adjouftez avec tout ce que deffus demie livre de miel de Narbonne : faites boüillir le tout dans fix livres d'eau, à diminution du tiers. L'ufage de cette ptifane eft excellente pour ceux qui font malades du poulmon ; & mefme elle foulage ceux qui ont la pleurefie. Il en faut boire trois ou quatre verres par jour Elle aide auffi à faire fortir le phlegme craffe, & guerit les inflammations de la gorge.

Ptisane qui defopile la ratte.

VOvs prendrez fueilles de Meliffe, Bugloffe, Bourrache, de chacune une poignée : Capres demie livre, Polipode de chefne fendu par la moitié, deux onces : faites boüillir le tout dans

K

six livres d'eau , à reduction des trois quarts; puis coulez , & adjouſtez à la coulature une drachme de Canelle par morceaux. Il faut prendre de cette ptiſane trois ou quatre verres par jour: elle deſopile la ratte , fait uriner , & purge doucement.

Ptiſane qui fortifie , & qui arreſte la diarrhée & la dyſenterie.

PR E N E Z de la Sauge une poignée, racines de Nenuphar deux onces, rapures de corne de Cerf & d'yvoire, de chacune demie once, Crocus Martis aſtringent, une once : faites boüillir le tout dans quatre livres d'eau , à diminution du quart ; puis coulez , & mettez infuſer une once de Rheubarbe coupée par morceaux , une drachme de ſel de Corail : lors que la ptiſane ſera froide il en faudra donner au malade le matin, à midy & au ſoir, à chaque fois un grand verre. Il faut continuer cinq ou ſix jours de ſuite.

Ptisane qui guerit les galles.

VO v s prendrez Pimpinnelle, Chiendent, Cerfueil, des quatre Capillaires, de chacun une poignée; une once d'orge, deux onces de Senné, Casse mondée une once, Tamarins deux onces, un baston de Reglisse raticé, & coupé par morceaux. Il faut faire boüillir le tout dans six livres d'eau à reduction de moitié, puis passer par l'étamine. On boira le matin un verre de cette ptisane, & autant apres disner. Il faut continuer huict jours.

CHAPITRE IV.

Des Pillules.

Pillules pour purger le cerveau.

PRENEZ extraicts de Sauge, Betoine, de chacun une drachme, Agaric trochisqué, teinture d'Elebore noir, de chacun un demy scrupule; teinture de Rheubarbe deux drachmes:

K ij

malaxez le tout dans une petite terrine
fur des cendres chaudes avec une Efpatule, jufques à ce que le tout foit en
confiftence de pouvoir former pillules.
Ce que vous connoiftrez en mettant
une goutte refroidir fur une affiete : fi
elle ne prend point à l'affiete, ny aux
doigts, elles font comme il faut. Vous
formerez neuf pillules de cette maffe,
pour en prendre neuf matins de fuitte,
une à chaque prife. Deux heures apres
il faut prendre un boüillon. Elles purgent le cerveau, la colere jaune & noire, la pituite, & fait mourir les vers.

Autres pillules qui purgent le cerveau.

VO v s prendrez teintures d'Aloës,
& de Rheubarbe, de chacune une
once ; Agaric trochifqué trois drachmes, fuc de Rofes une once, Maftic
deux drachmes : pilez l'Agaric & Maftic, & incorporez les poudres avec
les teintures & fuc cy-deffus, & faites
maffe, que vous garderez dans un morceau de cuir frotté d'huile. Elles pur-

gent le cerveau, les yeux, les oreilles,
le ventricule, & la matrice, de leurs
humeurs putrides, & les corroborent.
La dose est d'une drachme jusques à
drachme & demie. Il les faut prendre
le matin à jeun.

Pillules qui purgent la melancholie.

PRENEZ extraict de Melisse une
once, teinture de Senné une demie
once, teinture d'Aloës deux drachmes,
extraict d'Elebore noir une drachme,
teinture de Safran un scrupule, Epithyme, & Mastic en poudre deux
drachmes : incorporez le tout ensemble, & faites masse, & la serrez comme
dessus. Elles purgent l'estomac benignement; elles empeschent la putrefaction des humeurs, & garantissent des
douleurs de la teste, de l'estomac, du
ventre, & de la matrice. Elles chassent
la melancholie, & la tristesse. La dose
est d'une demie drachme jusques à une
drachme.

Pillules aperitives.

VO v s prendrez extraict d'Abſin-
the une once, Mirabolans citrins
deux onces , teinture d'Aloës , & de
Rheubarbe , de chacune une once;
Crocus Martis, & Turbit, de chacun
deux drachmes ; teinture de Safran demie drachme , & pilez ce qui ſe peut
piler , & malaxez le tout , & en faites
maſſe. Elles purgent les humeurs bilieuſes & pituiteuſes , & principalement celles qui attaquent la teſte , le
foye , & le ventricule : elles fortifient
l'eſtomac, facilitent la coction des viandes , excitent l'appetit. La doſe eſt
d'une drachme.

Pillules contre la peſte.

PR e n e z extraict de Ruë, & teinture d'Aloës, de chacune une once;
Theriaque de Veniſe une once, Myrrhe demie once, écorces de Citrons, &
d'Oranges en poudre , de chacune
deux drachmes : incorporez le tout enſemble , & y adjouſtez ſur la fin une
drachme d'eſprit de Vitriol. Elles pre-

servent de tout air infecté, & de corruption : elles purgent l'estomac des
humeurs corrompuës ; c'est pourquoy
elles sont excellentes contre la peste. Il
en faut prendre le matin quand l'air
est infecté, avant que de sortir, une
demie drachme.

Pillules contre l'asthme, & toux inveterée.

VO v s prendrez extraict de Sauge
& d'Hysope de chacune une on-
ce ; Agaric trochisqué trois drachmes,
extraict de Coloquinte deux drachmes,
Turbit quatre drachmes, Myrrhe &
racines d'Iris, de chacune une drachme;
fleurs de Soufre demie once. Pilez ce
qui se pourra piler, & malaxez le tout :
adjoustez sur la fin une cuillerée d'esprit de vin, & en formez pillules. Elles
purgent la poitrine, le thorax de la
pituite, crasse, & putride ; facilite le
cracher, & appaise la toux. La dose est
d'un scrupule.

Pillules qui purgent les eaux des hydropiques.

PRENEZ extraict d'Hyebles, de Sureau, & de Fenoüil, de chacun une once; Ialap en poudre demie once, teinture de Gomme-gutte deux drach-mes, Baye, ou graine de Genievre une once; esprit de Vitriol une drachme: incorporez le tout comme il a esté dit, & faites pillules. Elles purgent les eaux des hydropiques , & font sortir les vents. Il en faut prendre tous les matins un mois de temps, d'une drachme jus-ques à drachme & demie.

Pillules contre les suffocations de matrice.

VOvs prendrez extraict de Matri-caire , de Sauge,& de Ruë, de chacune une once; de fecule de Brione une once, Epithyme deux drachmes, Rheubarbe en poudre demie once, Castoreum deux drachmes , Crocus Martis une drachme: incorporez tou-tes ces choses ensemble, & mettez sur la fin douze gouttes d'essence d'Hyso-

pe , quatre de Canelle , & deux de
cloud de Girofle; puis formez pillules.
Elles arreſtent les vapeurs de la matrice,
& les fait ſortir par les voyes ordinaires : elles font venir les purgations, &
dégagent les obſtructions. Il en faut
prendre deux ou trois fois la ſemaine
le poids d'une drachme , le matin à
jeun, contre les vapeurs de la matrice :
& pour faire venir les purgations , il
en faut prendre un mois entier matin
& ſoir, une demie drachme à la fois.

Pillules qui arreſtent les dyſenteries , & fortifient.

PRENEZ extraict de Boüillon-blanc,
Morelle & Sauge , de chacun une
once, teinture de Rheubarbe une once, ſel de Corail, & de Perles, de chacun deux drachmes ; Crocus Martis,
raclure d'yvoire, & de corne de Cerf,
de chacune une drachme : faites maſſe
de tout, & mettez ſur la fin deux gouttes d'eſſence de Canelle, & autant de
cloud de Girofle. Elles arreſtent toutes
ſortes de dyſenterie, purgent & forti-

fient. Il en faut prendre matin & foir
une drachme.

Pillules contre la gravelle.

VOvs prendrez deux onces de
therebentine de Venife, que vous
ferez boüillir dans fuffifante quantité
d'eau, jufques à ce qu'elle n'adhere
point aux doigts: incorporez avec fel
de Perficaire, & de Perfil, de chacun
une drachme, & Criftal mineral demie
once, puis faites pillules. Elles font fortir le fable des reins, & de la veffie, &
provoque l'urine fupprimée. Il en faut
prendre quinze jours de fuite le matin,
le poids d'une drachme.

Pillules purgatives.

PRENEZ teinture de Bourrache,
Buglofe, & Aloës, de chacun une
once; fuc de Rofes demie once : incorporez le tout enfemble dans une petite
terrine fur les cendres chaudes, jufques
à ce que le tout foit en confiftence de
pillules. Elles purgent doucement le
cerveau, l'eftomac, & les inteftins. Il

en faut prendre le poids d'un scrupule
le soir, demie heure devant que de
souper. Elles n'opereront que le jour
suivant.

Autres pillules purgatives.

VOus prendrez extraict de Fenoüil
une once, Senné & Cristal mineral
en poudres une once : incorporez les
poudres avec ledit extraict, & en faites
pillules. Elles purgent la premiere &
seconde region du corps, le foye, l'e-
stomac, la ratte, & déchargent les
reins. La prise est d'une drachme.

Pillules universelles.

PRENEZ teinture d'Aloës, de Senné, & de Rheubarbe, de chacune
une once ; Agaric trochisqué demie once, Spica nardy, & Mastic, de chacun
une drachme ; graines de Violette en
poudre une once : incorporez le tout
ensemble, & faites masse. Elles purgent
universellement & doucement toutes
les humeurs. La dose est depuis quinze
jusques à vingt grains.

Pillules pour faire dormir.

PRENÈZ extraict de Laictuë & Morelle, de chacun deux drachmes;
Opion torrifié un fcrupule, graine de
Iufquiame, & Pavot blanc, de chacune
une drachme : reduifez l'Opion &
graines en poudres, & les incorporez
avec les extraicts, & faites pillules.
Elle provoquent doucement le fommeil : elles appaifent toutes fortes de
douleurs. La dofe eft depuis fix jufques
à dix grains. Il les faut prendre le foir
en fe mettant au lict.

CHAPITRE V.

Des Baumes.

Compofition du precieux Baume du-
quel faincte Magdelaine fe fervit
pour oindre la tefte & les pieds de
noftre Seigneur, lequel fut apporté
de Hierufalem à Rome, du regne
de l'Empereur Tite Veffafien.

PRENEZ cinq onces de Savigny
verd, cinq onces de noix de Cyprés, quinze livres de grand Cocq,
Sauge, Lierre, Mille-fueille, Armoife,
Campanelle, Fenugrec, graine de lin,
de chacune cinq onces. Il faut que les
herbes foient vertes, & les coupez, &
pilez les graines; puis mettez le tout
infufer dans vingt-deux livres de vin
odoriferant trois jours fur cendres
chaudes; puis vous y adjoufterez cinq
livres d'huile d'olives vieille, bien purgée; faites bouillir le tout dans un

vaisseau de terre vernissé, jusques à la consommation du vin : puis exprimez sous la presse, & mettez dans ladite expression de la gomme de lierre, de la poix d'Espagne, Raisine, Oliban, Mastic, Colophone de Therebentine, Galbanum, Cire neufve, de chacune cinq onces ; Storax Calamite, Macis, Spicnard, de chacun quatre onces; mine d'or, & Baume noir, de chacun trois onces : remettez sur le feu, & faites boüillir doucement, en remuant tousiours avec une Espatule, jusques à ce que les gommes soient tout-à-fait dissoutes: puis vous passerez par l'étamine, & mettrez le Baume dans des boëtes.

L'on ne doit attendre de ce Baume precieux que des effects admirables, puis qu'il a servy au sacré Mystere de nostre redemption. Il est universel contre toutes sortes de maladies, & de douleurs; particulierement il guerit les fiévres reglées où le froid precede le chaud : il en faut prendre durant le froid un demy scrupule dás deux onces d'eau de Chardon-benit. Si la premiere fois ne fuffit, l'on en prendra une feconde fois le jour de l'accés , & l'on continuera jufques à trois fois. La mefme dofe , prife en eau de Matricaire, appaife & guerit les fuffocations de matrice. En eau de Mille-pertuis , il guerit les abcés, & ulceres interieures; & exterieures, fi l'on en applique deffus. Pris en eau de Perfil, il fait fortir le fable des reins , & de la veffie : il rompt la pierre , & fait uriner facilement , fi l'on continuë d'en prendre huict jours le matin à jeun. Pris en eau de Meliffe, il chaffe la melancholie, & defopile la ratte : en eau d'Anis, ou de Fenoüil, il appaife toutes fortes de coliques : il eft auffi à propos d'en frotter le petit ventre. Il arrefte le vomiffement appliqué fur l'eftomac, & le fortifie : il confolide toutes fortes de playes ; il appaife les douleurs de la tefte : il en faut frotter les tempes, le haut de la tefte, & la nuque du col. Il guerit toutes fortes de rheumatifmes. Enfin c'eft un antidote univerfel.

Baume contre les douleurs de la teste provenantes de bleſſure.

VOVS prendrez fueilles & fleurs de Sauge, & de Betoine, de chacune une livre ; huile des Philoſophes deux livres : mettez leſdites fueilles & fleurs dans une phiole de verre double avec ladite huile, quarante jours au ſoleil ; puis vous exprimerez ſous la preſſe, & remettrez l'expreſſion au ſoleil : il s'en fera un baume qui ſera bon pour toutes les douleurs & cicatrices de la teſte. Il s'applique ſeul, ou ſur des étouppes, ou filaſſes rouſſes.

Baume qui arreſte le tremblement de la teſte, des bras, & des mains.

PRENEZ fueilles & fleurs de Ruë, de Sauge, & Camomille, de chacune deux onces ; Bayes, ou graines noires de laurier quatre onces, Roſes paſſes ſeches trois onces : pilez le tout, & le mettez dans une phiole de verre avec deux livres d'eau de vie, & l'expoſez

au foleil un mois, puis vous exprimerez. Il faut frotter de ce baume un peu
tiede, la tefte, la gorge, les bras, &
les mains, deux ou trois fois la femaine.
Avant que de l'appliquer il faut frotter
les parties un quart d'heure, avec un
linge neuf un peu chauffé.

Baume contre la paralyſie.

VOus prendrez fleurs de Rofmarin,
Sauge, Betoine, Camomille,
Mille-pertuis, & Lavande, de chacune
deux onces; Therebentine de Venife
bien lavée quatre onces, huile de laurier, & de lin, de chacune une once;
Girofle entier une once, Canelle coupée par morceaux demie once : mettez
le tout dans une Cornuë avec deux
livres d'efprit de vin ; bouchez la Cornuë, & laiffez infufer les drogues neuf
jours, & les remuez tous les jours deux
ou trois fois : puis vous diftillerez au
feu de roüe ; il fortira premierement
une eau blanche, avec un baume blanc.
Lors qu'il commencera de monter une
eau rouffe, vous changerez de Recipient, & augmenterez le feu, & con-

tinuerez jufques à ce qu'il ne diftille
plus rien : il paffera un baume rouge
avecque l'eau. L'eau & le baume blanc
fe prennent par la bouche : l'on peut feparer le baume par l'entonnoir : une
cuillerée de l'eau fortifie l'eftomac, aide
à la digeftion, lafche l'urine fupprimée,
arrefte le vomiffement, garantit de la
pefte, facilite les accouchements, guerit la colique. Le baume blanc a les
mefmes vertus. La dofe eft de cinq à
fix gouttes dans deux cuillerées de vin
blanc, ou quelque autre vehicule approprié au mal. Pour l'eau & baume
rouge, c'eft pour les douleurs qui proviennent de caufe froide. Il guerit les
paralyfies : il le faut faire un peu chauffer avant que de l'appliquer , & bien
frotter les parties avec la main un quart
d'heure de temps, & tremper un papier dedans, & l'appliquer fur le mal,
& le faire tenir avec une bande. Il en
faut mettre matin & foir, & continuer
jufques à guerifon.

Baume contre les douleurs de la scyatique.

PReneZ une grosse Oye bien grasse,
de laquelle vous osterez les entrailles , & mettrez dedans une poignée
de menuë Sauge coupée , une livre
de poix de Bourgogne , quatre onces
de therebentine , deux petits chiens ,
& deux petits chats : puis cousez les
ouvertures , & l'embrochez , & la faites rostir doucement jusques à ce qu'il
ne tombe plus rien. Serrez le baume
dans un pot. Il faut frotter la partie malade avec la main avant que de l'appliquer. Il en faut mettre deux fois le
jour , & continuer jusques à guerison.

Autre baume pour la scyatique.

PRenez gros vin rouge deux livres ,
huile de noix une livre , gomme de
Cyprés demie livre : faites boüillir le
tout dans un pot neuf jusques à la consommation du vin , puis exprimez. Ce
baume s'applique le plus chaud que
l'on le peut souffrir , le soir en se met-

tant au lict. Il faut mettre un linge
chaud par deſſus.

Baume ou Pommade contre les bruſlu-
res , & contre les marques
de la petite verolle.

VO v s prendrez une douzaine de
jaune d'œufs durs , une livre de
ſain-doux , la fiante d'un cheval fraichement faite : fricaſſez le tout dans
une poille environ une demie heure,
puis exprimez par la preſſe. L'on mettra de ce baume ſur les bleſſures , ſans
charpie , une fueille de noyer cuitte
dans de l'eau par deſſus. Il ſuffit d'en
mettre une fois le jour ; & à chaque fois
l'on mettra une nouvelle fueille. Pour
les marques de la petite verolle , il en
faut mettre quatre ou cinq fois le jour
deſſus, comme de la pommade , & continuer un mois.

Baume qui fait reprendre les
playes.

PRENEZ therebentine une livre,
huile de Mille-pertuis quatre onces,

graiſſe de porc demie livre, le jaune de
trente œufs durs, eſprit de ſel deux
drachmes, cire neufve deux onces:
faites fondre le tout dans un pot neuf
verniſſé, & le faites boüillir un quart
d'heure à petit feu, puis exprimez.
L'on mettra de ce baume dedans les
playes, & deſſus, apres les avoir lavées
de vin, & deſſechées avec un linge
blanc. Il faut mettre une compreſſe ſur
ladite playe trempée dedans, & l'y laiſſer douze heures avant que de la lever.
Il n'y a point de playes qu'il ne gue-
riſſe en huiɛt jours. Il eſt auſſi excellent
contre les ulceres.

Baume contre les douleurs de la goutt*, ſoit de cauſe chaude, ou froide.

PRENEZ écorce de Sureau demie
livre, vers de terre, & limaſſons
rouges, de chacun quatre onces: vous
les laverez premierement avec du vinaigre & du ſel, & apres avec de l'eau:
& lors qu'ils ſeront bien nets, vous les
couperez, & mettrez par morceaux,

& les mettrez dans un pot neuf avec
deux livres d'huile d'olives. Vous ferez
boüillir le tout à petit feu , jufques à
confiftence de fyrop , puis pafferez par
l'étamine. Mettez diffoudre dans la
coulature une once de fel armoniac en
poudre. Il faut mettre de ce baume foir
& matin fur les parties affligées , le plus
chaud que l'on le pourra fouffrir.

Baume contre les douleurs de la goutte froide.

PRENEZ racines & fueilles d'Hyfope, & de Perfil, de chacune deux
livres ; oftez les cordes des racines, &
les coupez par morceaux , & les mettez
dans un pot de terre verniffé , avec une
livre de grains de Genievre concaffé,
deux livres de vin blanc, & une livre
de graiffe de porc. Vous ferez boüillir
le tout jufques à ce que le vin foit confommé , puis exprimerez. Ce baume
s'applique comme il a efté dit cy-deffus.
Il eft bon contre toutes les douleurs
qui proviennent du froid.

Baume qui arreste la diarrhée, & flux de sang.

VOvs prendrez Rofes de Provins feches demie livre, theriaque de Venife une once, gros vin rouge deux livres : faites boüillir le tout jufques à diminution de moitié, puis exprimez. Il faut tremper un linge dans ledit baume, & l'appliquer tout chaud fur le ventre, & renouveller deux ou trois fois le jour. Il arrefte auffi le vomiffement appliqué fur l'eftomac.

Baume ou pommade qui guerit les hemorrhoïdes externes.

PRenez cinq ou fix gros porreaux, deux poignées de Cicuë; hachez-les bien menuës, & les faites cuire dans quatre livres de bon vinaigre, jufques à diminution de moitié, puis exprimez, & mettez dans l'expreffion fufdite deux livres de beure frais : remettez fur le feu, & faites boüillir jufques à ce que l'humidité du vinaigre foit toute confommée. Vous écumerez fur la fin, & le mettrez dans un pot. Il le faut

faire chauffer dans une cuilliere, & en
mettre avec une plume sur les hemor-
rhoïdes cinq ou six fois le jour.

Baume contre la surdité.

PRENEZ cimes & fleurs de Lavande,
Thim, Rüe, Marjolaine, Menthe,
Camomille, Pacquettes, Melilot,
graine de Laurier meure, de chacune
une once : contusez-les dans un mortier, & mettez-les dans une Cornuë de
grandeur convenable : versez dessus
deux livres d'esprit de vin ; bouchez la
Cornuë, & laissez le tout infuser quinze jours, puis distillez à feu de roüe,
jusques à ce qu'il ne monte plus rien. Il
passera une eau & un baume ensemble,
que vous separerez par l'entonnoit.
Vous mettrez de ce baume trois ou
quatre gouttes dans l'oreille le soir en
vous couchant, & un petit morceau de
cotton dessus. L'eau sert pour frotter
les oreilles, la nucque du col, & le
long du dos, pour faciliter la descente
des humeurs, & continuez quarante
jours. Il est à propos que la purgation
precede ce remede. L'on se pourra
servir

servir des ptifanes purgatives cy-devant écrites.

Baume souverain pour guerir toutes sortes de playes.

PRENEZ fuc de Betoine, & de Mille-pertuis, de chacun demie livre ; huile de Petrolle une once, therebentine lavée deux onces, huile d'olives fix onces, Maftic & Miel, de chacun une drachme: faites boüillir le tout à petit feu dans un pot verniffé, jufques à la confomption des fucs ; puis exprimez, & mettez l'expreffion dans une phiole quinze jours au foleil. Pour appliquer ce baume il le faut faire un peu chauffer, & le mettre dans la playe, & un petit linge par deffus, trempé dudit baume, en vingt-quatre heures il fait reprendre les playes. Il fait auffi partir les noirceurs & meurtriffures.

Baume contre la douleur des dents.

VOVS prendrez racines de Hanne-banne, & Pyretre, de chacune une once ; Ruë, Marjolaine, Lavande, & menuë Sauge, de chacune une poignée:

L

coupez le tout bien menu, & les mettez dans une Cornuë ; verfez deſſus
deux livres d'eau de vie, deux drachmes de cloud de Girofle, une drachme
de Poivre long ; laiſſez le tout infuſer
une nuiĉt, puis diſtillez au feu de ſable;
l'eau & le baume diſtilleront enſemble,
que vous ſeparerez par l'entonnoir.
Vne goutte du baume appliquée dans
la dent creuſe avec un petit de cotton,
appaiſe la douleur: une demie cuillerée de l'eau dans la bouche fait le meſme effeĉt. Il faut en frotter les tempes,
& le derriere des oreilles.

CHAPITRE VI.

Des Emplaſtres.

Emplaſtre de Savon.

PRENEZ huile d'olives deux livres,
Minium une livre, Ceruſe en poudre impalpable demie livre : faites
chauffer l'huile dans une poille, ou
baſſine. Lors que l'huile commencera

à boüillir, mettez peu à peu le Minium
& Ceruſe, & remuez touſiours avec
l'Eſpatule de bois, juſques à ce qu'ils
ſoient bien incorporez avec l'huile :
puis vous adjouſterez peu-à-peu dix
onces de Savon de Gennes coupé par
tranches bien menuës, & remuerez
touſiours juſques à ce qu'il ait acquis
une couleur griſaſtre. Alors vous en
mettrez une goutte ſur une aſſiette d'é-
tain; s'il n'adhere point à l'aſſiette, c'eſt
un teſmoignage qu'il eſt cuit. Alors
vous y meſlerez deux onces d'huile de
therebentine, & remuerez juſques à ce
qu'il ſoit froid, & en ferez des rouleaux, ou magdaleons ſur une table,
ou marbre, pour vous en ſervir à ce qui
s'enſuit. Il s'applique ſur un cuir ſans
charpie : vn emplaſtre ſert trois jours.
Il guerit les ulceres, & les eryſipeles,
les playes & bruſlures : il diſſout & reſout les enflures : il diſſipe les duretez
& louppes, ſi l'on continuë d'en mettre deſſus. De plus, il eſt propre à toutes ſortes de playes.

Emplaſtre de Minium.

PRENEZ huile d'olives livre & demie, Minium une livre: incorporez le Minium & l'huile comme vous
avez fait cy-deſſus, & operez en la
meſme maniere, juſques à ce qu'il devienne d'un rouge brun, puis en faites
magdaleons. Bien que cet emplaſtre
ne ſoit compoſé que de deux drogues,
il ne laiſſe pas d'avoir des facultez tres-
grandes. Il rafraichit & deſſeiche : il
eſt bon contre les inflammations, & les
enflures des membres ; il diſſipe les
humeurs ; il appaiſe les douleurs de la
goutte provenante de cauſes chaudes : il deſſeche les playes, & les conſolide.

Emplaſtre contre les dartres vives.

VOvs prendrez huile de noix
quatre onces, gomme de Ceriſier
en poudre deux onces, ſel Armoniac
une once, Savon de Gennes raſpé deux
onces : Faites premierement chauffer
l'huile dans une terrine plombée ; &
lors qu'elle commencera à boüillir,

mettez peu-à-peu les drogues fufdires
dedans, & remuez toufiours avec une
Efpatule de bois; vous laifferez boüillir le tout environ une demie heure:
vous en mettrez fur une affiette pour
voir s'il eft cuit, comme il a efté dit,
puis en faites rouleaux. Pour fe fervir
de cet emplaftre il faut l'étendre fur du
cuir, de la grandeur de la dartre, puis
le chauffer un peu, & l'appliquer fur le
mal, & le laiffer douze heures, puis
l'arracher tout d'un coup avecque force; il emporte avecque luy la racine des
dartres. L'on mettra apres deffus un
emplaftre de Minium pour deffeicher,
& rafraichir, ou quelque pommade. Il
guerit les dartres dés la premiere fois.

Emplaftre qui fait fortir le fer, le bois,
& les efquilles des os de
dedans les playes.

PRENEZ Betoine, Fougere, Fenoüil, Plantain, racines & fueilles,
de chacune une poignée; faites les cuire dans de l'eau commune jufques à ce
qu'elles foient molles, & qu'il ne refte

que fort peu d'eau ; puis vous les exprimerez sous la presse, & mettrez l'expression sur le feu dans une terrine, avec
égale partie de miel rouge, le quart
d'huile d'olives : laissez boüillir doucement une heure, & mettez dans chaque livre de ladite composition une
once de cire jaune neufve. Lors qu'elle
sera fonduë, vous adjoûterez une once
d'huile de therebentine, & y ferez jetter un boüillon ou deux : puis vous
osterez de dessus le feu, & remuerez
tousiours jusques à ce qu'il soit fait, &
en ferez magdaleons, ou rouleaux. Il
s'applique sur du cuir : il le faut laisser
vingt-quatre heures sur les playes avant
que de le lever : s'il ne fait point d'effect
la premiere fois ; il faut en remettre une
seconde fois, il fera sortir asseurément
ce qui sera dans la playe.

Emplastre qui fait meurir toutes sortes
de bubons, charbons, &
apostemes.

Prenez Ozeille, Aigremoine, Es-
purge, Herbe-Robert, de chacune

une poignée : pilez-les dans un mortier
de pierre, & les faites boüillir dans un
pot neuf de terre vernissé, avec une
livre de sain-doux l'espace d'une demie
heure ; puis exprimez, & remettez l'expression sur le feu, avec cire vierge,
suif de mouton, poix-raisine, miel
rouge, de chacun quatre onces ; farine
d'orge tres-fine deux onces : incorporez le tout ensemble, & remuez toûjours jusques à ce qu'il soit cuit. Ce que
vous connoistrez en mettant une goût-
te refroidir, comme il a esté dit cy-
devant. Cet emplastre fait son effect en
vingt-quatre heures : il faut le changer
de douze heures en douze heures, deux
fois suffisent. Il s'applique sur du cuir.

Emplastre contre la douleur des dents.

PRENEZ extraict de Sauge une once, Pyretre, Poivre long, Mouches
cantarides, le tout en poudre, de chacun vingt grains ; Euphorbe douze
grains, Therebentine de Venise deux
drachmes, Poix navale une drachme,

Cire neufve deux drachmes. Prenez
premierement l'extraict de Sauge, &
le mettez dans un petit vase de terre sur
des cendres chaudes, puis y adjoustez
peu-à-peu la therebentine, poix, cire
& poudre, & remuez tousiours jusques à ce que le tout soit bien fondu &
incorporé. Apres vous l'osterez de dessus le feu, & en ferez rouleaux. Il faut
en faire emplastres sur du cuir, & les
appliquer sur les tempes, derriere les
oreilles, & sur la nucque du col. Ils
feront esslever de petites cloches, ou
empoulles, remplies d'eaux acres & pic-
quantes, lesquelles il faudra percer, &
faire suppurer le plus long-temps que
l'on pourra. Pour cet effect, apres les
avoir percées, l'on se servira de l'emplastre de Savon, lequel attirera, &
desseichera.

Emplastre qui guerit les playes de la teste.

VOvs prendrez extraict de Plantain, Sauge, & Betoine, de chacun une once; Poix navale, Raisine,
Therebentine de Venise, de chacun

deux onces : faites fondre le tout ſur
des cendres chaudes, & l'incorporez
avec une Eſpatule, & remuez touſiours
juſques à ce qu'il ſoit froid. Si les playes
ſont profondes, vous en ferez fondre
dans une cuilliere, & y tremperez de la
charpie, que vous mettrez dans les
playes, & mettrez par deſſus une emplaſtre du meſme. Il faut diminuer tous
les jours la charpie : neuf jours ſuffiſent
pour cet effect.

Emplaſtre contre les duretez
de la ratte.

PRENEZ Cire jaune, Poix navale,
Therebentine, de chacune deux
onces ; gomme Armoniac, Aloës He-
patique, Myrrhe, Opoponax, Galbanum, de chacun une once ; Maſtic demie once, Safran une drachme, huile
de Laurier une once : faites fondre la
cire & poix enſemble dans une baſſine ; reduiſez les gommes en poudre, &
les mettez diſſoudre dans du gros vin
rouge l'eſpace de douze heures, puis
les meſlez avec la cire & poix fonduë,

L y

& les faites boüillir à petit feu jufques
à ce que le vin foit confommé, & remuez toufiours avec l'Efpatule. Alors
vous ofterez la baffine de deffus le feu,
& y mettrez la Therebentine, l'huile
de Laurier, la Myrrhe, le Maftic, l'A-
loës, & le Safran pulverifez : incorporez bien le tout, & le remuez jufquesà
ce qu'il foit froid, & en faites magdaleons, ou rouleaux. Il faut frotter les
mains & la table d'huile de laurier, de
peur que l'emplaftre ne s'y attache. Il
diffipe les duretez de la ràtte ; il fait
vuider les eaux des hydropiques, & appaife les douleurs de la matrice. Il faut
l'étendre fur un grand morceau de cuir,
& l'appliquer fur le mal. Il appaife auffi
les douleurs de la poitrine, & des épaules, mis comme deffus.

Emplaftre qui leve les chairs mortes, & arrefte la gangrene.

PRENEZ huile d'olives deux livres,
extraict de Mille-pertuis, & Therebentine de Venife, de chacune quatre
onces, Minium, Cerufe, & Chaux vives

le tout en poudre , de chacun demie
livre : faites chauffer l'huile dans un pot
de terre verniffé ; quand elle commencera à boüillir mettez la Therebentine,
& remuez avec une Efpatule , jufques à
ce qu'elle foit bien fonduë ; puis incorporez peu-à-peu les poudres, & laiffez
boüillir jufques à ce que le tout foit en
confiftence d'emplaftre. Il faut remuer
toufiours jufques à ce qu'il foit froid ,
& puis ferez rouleaux. Pour lever la
chair morte , fi la playe eft profonde ,
il faut tremper un plumaceau dans
l'emplaftre fondu , & le mettre dans
la playe, & mettre un autre emplaftre
par deffus. Pour arrefter la gangrene ,
il faut fcarifier , ou dechiqueter la playe
jufques au vif , & mettre des pluma-
ceaux comme il a efté dit , avec un grand
emplaftre. Il faut continuer jufques à
ce que toute la chair morte foit levée ,
& que la chair vive revienne.

Emplastre contre les coupures , gersu-
res , & fissures.

PRENEZ huile-rosat deux livres ,
Ceruse en poudre impalpable livre
& demie, Cire blanche quatre onces:
incorporez le tout ensemble dans un
vaisseau d'estain sur un petit feu, jusques à ce qu'il soit en consistence d'emplastre. Il faut remuer tousiours jusques
à ce qu'il soit fait : il guerit les écorchures , & fissures qui viennent aux
mammelles, aux mains, & aux talons:
il guerit toutes sortes de couppures &
écorchures.

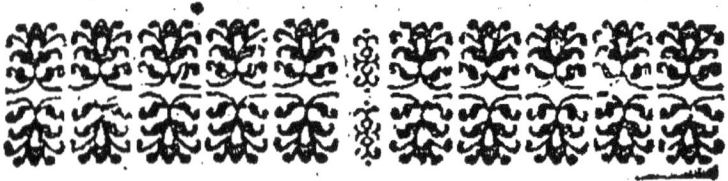

SIXIESME PARTIE.

AVANT-PROPOS.

I'A y adjoûté cette Partie à mon Livre en faveur des Dames ; pour les garantir d'un nombre infini d'accidens qui arrivent en se mettant des choses au visage, dont elles ne sçavent point les compositions. Ie facilite les operations, & m'explique le plus intelligiblement qu'il se peut, pour leur apprendre à faire elles-mesmes les choses dont elles auront besoin : Elles choisiront les Eaux & les Pommades lesquelles leurs seront propres ; car ce qui est bon pour un teint ne l'est pas pour l'autre. Il faut nourrir les teins delicats, & les maigres, & les humecter: c'est pourquoy il leur faut des Eaux de

chair, & de laict, ou des pommades.
Pour les personnes grasses, qui ont un
teint huileux, il les faut dessecher ; pour
cet effect les eaux où il entre quelques
acides, comme vinaigre distillé, suc de
Citron, eau de la Reine de Hongrie,
leurs sont bonnes ; & mesme pour les
teins grossiers, qu'il faut deterger &
corroder, pour rendre la peau plus deli-
cate, elles en appliqueront souvent
sur leurs visages dans le commencement pour se faire le teint ; puis elles
l'entretiendront, & le nourriront par
quelque eau, ou pommade, selon
qu'elles jugeront à propos. Sur tout
je donne advis aux Dames de mettre
dans les compositions pour le visage,
le moins de Camphre que l'on pourra ;
car il gaste & fait perdre les dents, &
cause quantité de fluxions. Pour le
Mercure, le Sublimé, & l'Estain de
glace, je conseille de ne s'en servir en
aucune façon ; outre qu'ils effacent la
beauté du visage par le long usage, ils
produisent des maladies tres-fascheu-
ses, & quelquefois incurables : C'est à
quoy les Dames doivent prendre gar-

de. Ie donne encore quantité de secrets
& d'operations pour l'embellissement
tant pour les cheveux, les dents & les
mains , que pour accommoder des
gands, des mouchoirs, & des cornettes de jour & de nuict, & faire les dou-
blures de masque. Ie donne mesme
la methode de faire des ptisanes pour
engraisser, dormir, & conserver l'em-
bonpoint. Dans ma Preface je me suis
offerte à montrer à faire les operations
que j'enseigne ; je le reïtere encore ,
& feray moy-mesme les choses dont
on aura besoin. Ie me suis reservée
quelques secrets , que je promets de
de mettre au jour, si les Dames reçoi-
vent d'aussi bon cœur mon petit travail, que je leur communique.

CHAPITRE PREMIER.

Des Eaux simples distillées pour l'embelissement du visage.

LES Simples desquels on tire des eaux pour le visage sont Plantain, Argentine, Nenuphar, grande Ortie, Couleuvrée; les fueilles desquels doivent estre pilées, fermentées, exprimées, & distillées au Bain-Marie. Il faut exposer lesdites eaux au soleil pour les garder.

Pour les fleurs, il les faut mettre toutes fraiches cueillies dans une Cucurbite, puis les distiller au Bain-Marie, sans leur donner de menstruë : il suffit de les presser un peu. L'on prend pour l'ordinaire des fleurs de Rosmarin, d'Amandier, de Pescher, de Febves, de Sureau, de Muguet, de Tillet, de Lis, & Guimauves.

Les eaux que l'on distille des fruicts pour le visage sont Noix vertes, Fraises, Citrons, Melons, Concombres,

Citroüilles , & Courges. Il faut piler
les Fraifes , & couper les autres par
tranches , puis les diftiller au Bain.
Chacune de ces eaux a fes proprietez:
L'on s'en fervira comme l'on jugera à
propos.

CHAPITRE II.

Eau de la Reine de Hongrie.

CETTE eau porte le nom d'vne venerable Princeffe, laquelle s'en eft
fervie heureufement, comme elle le
tefmoigne par fes efcrits, qui ont efté
trouvez apres fa mort , dont voicy la
veritable copie.

En la Cité de Budes au Royaume de
Hongrie , du douziefme d'Octobre
mil fix cens cinquante deux, fe trouva
efcrite la prefente recepte dans le Bre-
viaire de là Sereniffime Ifabelle Reine
dudit Royaume.

Nous Dona Ifabelle Reine de Hongrie, eftant âgée de foixante & douze
ans, fort infirme & gouteufe, ayant ufé

un an entier de la suivante recepte, laquelle j'obtins d'un Hermite que je
n'avois jamais veu, & n'ay pû voir on-
ques depuis ; qui fit tant d'effect en
mon endroit, qu'en mesme temps je
gueris, & recouvré mes forces ; en forte que paroissant belle à un chacun, le
Roy de Pologne voulut m'espouser
ce que je refusay pour l'amour de mon
Seigneur Iesvs-Christ, & de l'Ange
duquel je croy que j'obtins cette recepte, qui est de l'eau de vie distillée quatre fois, deux livres ; des cimes & fleurs
de Rosmarin vingt-deux onces, que
l'on mettra dans un vase bien bouché
l'espace de cinquante heures ; & puis
mettre le tout dans un Alembic pour
distiller au Bain-Marie. On en prendra
le matin une fois la semaine le poids
d'une drachme, dans un boüillon fait
de viande : on s'en lavera la face tous
les matins ; & on s'en frottera le mal,
ou les membres infirmes.

Ce remede renouvelle les forces, &
fait bon esprit, nettoye toutes les macu-
les du cuir, fortifie les esprits vitaux en
leur naturel, restituë la veuë, & la con-

ferve , alonge la vie: il eſt excellent
pour l'eſtomac, & pour la poitrine, en
s'en frottant par deſſus. Tout ce que
deſſus je l'ay tiré d'un livre tout eſcrit
de la main de ſa Maieſté l'Imperatrice
Dona Maria , fille de l'Empereur Char-
les Quint ; lequel apres ſa mort me fut
repreſenté par une de ſes Demoiſelles
qui l'avoit en ſon pouvoir , & l'ay copié
de ma main dautant qu'il y avoit d'autres ſecrets. L'Original porte ce que
deſſus. Quand on ſe ſervira du preſent
remede il ne le faut pas faire chauffer,
parceque les eſprits les plus ſubtils s'e-
vaporeroient.

CHAPITRE III.

Des Eaux compoſées pour conſerver &
embellir le viſage.

Eau de Chair.

PRENEZ quatre pieds de veau, deſquels vous oſterez les os, & les mettrez tremper neuf jours dans de l'eau de

fontaine, que vous changerez deux fois
le jour : puis vous les mettrez dans une
Cucurbite de verre, avec le blanc & les
cocques de deux douzaines d'œufs
frais, la mie d'un petit pain de chapitre mis en poudre, une roüelle de veau
bien lavée, dégraissée, desossée, &
coupée par morceaux, un poulet écor-
ché tout vif, duquel vous osterez la
teste, les pieds, & les entrailles : un
Citron coupé par tranches, trois chopines de laict de chevre, quatre petits
chiens nais d'un jour ou deux : distillez
le tout au Bain boüillant, jusques à ce
qu'il ne monte plus rien. Il faut pour le
moins trois jours & trois nuicts sans
discontinuer le feu pour faire cette operation. Vous mettrez l'eau distillée au
soleil, autrement elle ne se garderoit
pas.

Cette eau est parfaitement bonne
pour nourrir & conserver les teins delicats : il en faut mettre trois ou quatre
fois la semaine, le soir en se mettant au
lict, & s'essuyer le matin avec un linge
blanc de lessive.

Eau pour conserver le teint.

PRENEZ deux livres de fleur de febves, une livre de fleur de Iasmin,
deux onces de Borax : mettez le tout
dans une Cucurbite; versez dessus une
chopine d'esprit de vin ; laissez-le infuser une nuict, puis distillez jusques à ce
qu'il ne reste plus d'humidité au fond
du vaisseau : exposez l'eau distillée quarante jours au soleil. Elle empesche les
rousseurs de venir : elle tient le teint
frais, le nourrit, & le conserve.

Autre eau pour conserver le teint.

PRENEZ quatre livres d'orge mondé, & bien lavé; faites-les cuire dans
suffisante quantité de laict de chevre,
jusques à ce qu'il soit comme de la
boüillie : alors mettez encore une pinte
dudit laict de chevre, deux onces de
sucre blanc, deux onces de sucre rouge;
puis distillez le tout au Bain-Marie à
feu boüillant. Cette distillation est un
peu longue pour le peu que l'on tire
d'eau. Il faut tousiours continuer son
feu, & remettre de l'eau chaude au

Bain. Il faut se laver souvent le visage
de cette eau : elle est excellente pour les
teins fins, delicats, & pour les personnes maigres.

Eau pour conserver & blanchir le teint.

PRENEZ un Chapon bien gras, duquel vous osterez la peau, la teste,
les pieds, & tout ce qui sera dans son
corps : coupez-le par morceaux, & le
mettez dans une Cucurbite, avec un
fromage de cresme douce, le blanc &
cocques de six œufs frais, deux drachmes de Ceruse, une once de Borax, &
un demy septier d'esprit de vin ; puis
distillez au Bain-Marie. Il faut mettre
souvent de cette eau pour embellir, &
nourrir la peau, & se donner de garde
du grand air.

Eau pour embellir le teint.

VOVs prendrez un Melon à demy
meur, & le couperez par roüelles,
& en ferez un lict dans une Cucurbite,
& mettrez dessus un lict de sucre, & un

de baume noir, & ferez lict fur lict de
ces trois chofes: apres vous diftillerez au
Bain boüillant. Cette eau eft admirable pour blanchir, & nourrir le teint.
Il faut en mettre fouvent dans le commencement: apres une fois ou deux la
femaine fuffifent.

Eau de lard.

IL faut prendre du lard de la gorge
d'un porc mafle, qui foit bien gras,
deux livres; coupez-le par morceaux,
& le mettez dans la Cucurbite, avec
deux poignées d'avoine blanche bien
nette, deux onces de femence de Baleine; apres diftillez au Bain boüillant.
Cette eau eft excellente pour nourrir
le teint des perfonnes maigres, & pour
ofter les marques & rougeurs de la petite verolle, & autres. Il en faut mettre foir & matin, & ne point s'effuyer
que deux ou trois heures apres l'avoir
mife, & continuer un mois.

Eau pour rafraichir, & blanchir le visage.

PRENEZ trois chopines de laiƈt de vache, trois chopines de vin blanc, le blanc & les coƈques de deux douzaines d'œufs frais, la mie d'un petit pain de Chapitre, une poignée d'orge mondé, une roüelle de veau coupée par morceaux, trois ou quatre oignons de lys : distillez le tout au Bain boüillant, & vous en metttez tous les soirs sur le visage, sans l'essuyer que le matin, auec un linge de chanvre.

Eau contre les rougeurs du visage, & qui nettoye le cuir.

VOvs prendrez deux onces de fleurs de Soufre, & les ferez infuser trois jours dans une chopine de vinaigre blanc : apres distillerez par la Cornuë au feu de cendres, & tremperez un linge dans cette eau, & le mettrez sur le visage. Il l'y faut laisser toute la nuiƈt, & continuer jusques à ce que toutes les rougeurs soient parties.

Eau

Eau pour les teins grossiers.

PRENEZ une douzaine de Citrons
qui ayent les écorces fines, les blancs
d'une douzaine d'œufs frais durcis,
desquels l'on ostera les jaunes : coupez
les Citrons & blancs d'œufs par roüelles, & les mettez dans une Cucurbite
de verre, au fond de laquelle vous aurez mis une livre de Therebentine de
Venise bien lavée ; puis distillez au Bain
boüillant, & mettez l'eau qui viendra
au soleil. Cette eau deterge & adoucit
le cuir, & le blanchit. Il faut s'en laver
soir & matin.

Autre eau pour les teins grossiers.

IL faut prendre une livre de fleurs
d'Amandiers seichées à l'ombre, demie livre de fleurs de Courge, une livre
de fleurs de Lys, six Citrons coupez
par tranches, les blancs & les cocques
de deux douzaines d'œufs frais, une
chopine de vin blanc : laissez infuser le
tout une nuict, puis distillez au Bain
boüillant jusques à ce que les feces demeurent seiches. Cette eau unit le teint,

M

& rend la peau blanche, & delicàte. Il
la faut mettre le foir , & s'effuyer le
vifage doucement le matin.

Autre eau pour les teins groſſiers.

PRENEZ vinaigre blanc une livre,
les blancs & les cocques de fix
œufs frais , Borax, Maftic, Aloës, de
chacun un once ; un fiel de bœuf : puis
diftillez au Bain , & vous lavez un mois
entier le vifage & la gorge de cette eau :
apres n'en mettez plus que deux fois la
femaine.

Eau qui leve le hâle , & oſte les rou-
geurs du viſage.

PRENEZ Plantain, Nenuphar, Pourpier, Laictuë & Violiers, de chacun
deux poignées ; douze pommes de
Chefne, fleurs de Boüillon-blanc deux
onces, plein un petit pannier de Fraifes, une poignée de Rofes pafles, femence de Pavot fix onces : pilez le tout
enfemble, & le mettez dans une Cucurbite , avec les blancs & les cocques
de douze œufs frais , & une livre de
verjus ; diftillez le tout au Bain. Il faut

tremper un linge dans cette eau, & le mettre le soir sur le visage, & l'y laisser toute la nuict; puis s'essuyer le matin doucement, & continuer. Elle oste le hâle, & dissipe les rougeurs.

Eau contre les dartres farineuses, &
inegalité ou âpreté de la peau, &
qui unit le teint.

Prenez fleurs de Roses & de Febves, de chacune deux poignées ; vinaigre blanc une livre, urine d'une jeune personne qui ne boive que du vin une livre, suc de Plantain demie livre, Mastic, Borax, gomme Adragant, de chacun demie once : faites infuser le tout trois jours, puis distillez au Bain boüillant. Il faut mettre de cette eau soir & matin sur les dartres, & s'en laver le visage une fois la semaine.

Eau contre les tannes du visage.

Prenez Tartre blanc, Alun de roche reduis en poudre , de chacun demie livre ; farines d'orge & de febves demie livre ; vinaigre blanc une

livre : diſtillez par la Cornuë au feu de
ſable ; trempez un linge dans cette eau,
& le mettez ſur le lieu où ſont les tannes, & l'y laiſſez toute la nuict, & continuez juſques à ce qu'il ne paroiſſe plus
de tannes.

Eau contre les rouſſeurs & lentilles du viſage.

PRENEZ fueilles & fruicts de Figuier, lors qu'ils ſont encore verds,
vne livre, Amandes ameres demie livre, graine de Choux ſix onces : pilez
le tout, & l'incorporez avec dix onces
d'huile de Tartre faite par defaillance;
puis diſtillez par la Cornuë au feu de
ſable. Cette eau oſte les lentilles &
rouſſeurs du viſage. Il faut continuer
quinze jours de ſuite tous les ſoirs.

Eau contre les rides du viſage.

PRENEZ ſuc de Prunelle vne livre,
racines de Coulevrée bien pilées
demie livre, Myrrhe ſix onces, ſucre
Candi quatre onces : diſtillez par la
Cornuë au feu de cendres, & vous

lavez de cette eau. Elle tend la peau, nettoye le cuir, & oste les rides. L'eau de pommes de Pin, distillées au Bain, fait le mesme effect.

Eau pour les teins jaunes & bilieux.

PRENEZ deux livres de fleurs de Sureau, & les mettez infuser dans deux livres d'esprit de vin vingt-quatre heures, puis distillez au Bain chaud : reïterez deux fois la distillation sur les feces, & vous lavez soir & matin de l'eau qui distillera.

Eau pour oster les rougeurs du visage.

PRENEZ deux douzaines d'œufs frais, & les faites durcir dans les cendres chaudes, desquels vous prendrez les jaunes, que vous meslerez avec une demie livre de Ceruse reduite en poudre subtile, & les imbiberez d'une chopine de vin blanc ; puis vous les exprimerez sous la presse, & distillerez la liqueur qui sortira au Bain-Marie. De

M iij

l'eau qui diſtillera vous vous en laverez
les rougeurs tous les ſoirs.

Eau pour faire paſlir le viſage.

VOvs prendrez deux poignées
d'Eſpargoute, une chopine de vin
d'Orleans, deux douzaines de Citrons
coupez par tranches, le blanc & les
cocques de douze œufs frais, quatre
onces de ſucre Candi, la mie d'un petit
pain de Chapitre, trois poignées de
fueilles de Plantain : diſtillez le tout
au Bain boüillant juſques à ce que le
tout ſoit diſtillé : & de cette eau vous
vous laverez ſoir & matin le viſage.

Autre eau pour le meſme.

PRenez Plantain, & fleurs de Muguet, de chacune deux poignées;
verſez deſſus une chopine de vin
blanc, & faites digerer vingt-quatre
heures au Bain ; apres diſtillez. De cette eau lavez-vous tous les ſoirs. Elle
pâlit, & unit la peau.

Eau contre les cicatrices, & marques de la petite verolle.

PRENEZ racines de Concombres fauvages, & de Flambe, de chacune demie livre; racines de Guimauves, & oignons de Lys blancs, de chacun une livre; Raifins murs demie livre, fueilles de Febves, & de Parietaire, de chacune une poignée; fleurs de Nenuphar & de Mauves, de chacune deux poignées; mie de pain d'orge une livre: faites infufer le tout dans une pinte de vin blanc, & une pinte de laict de Chevre: vous adjoufterez à l'infufion une Rave coupée par roüelles, des quatre femences froides, de chacune une demie once; urine d'une jenne fille de neuf à dix ans, demie livre: diftillez le tout au Bain boüillant. Cette eau eft excellente contre toutes fortes de taches qui viennent au vifage; elle leve les cicatrices, & efface les marques de la petite verolle, & de bruflures.

Eau qui blanchit le visage.

VOvs prendrez les cocques de douze œufs frais, eau de pleurs de vigne une livre, sel commun une once, eau de fontaine demie livre : distillez le tout par la Cornuë au feu de sable. Cette eau corrode la peau, & rend le teint blanc & delicat. Il en faut mettre pendant huit jours soir & matin; puis l'on n'en mettra plus qu'une fois la semaine.

Eau contre les rousseurs, & rougeurs du visage.

PRENEZ vinaigre blanc, eau-rose, & suc de limon, de chacun une limon, Soufre vif en poudre quatre onces : distillez le tout par la Cornuë à feu de roüe. Il faut laver souvent les rousseurs & rougeurs de certe eau, & mettre un linge trempé dedans sur le visage pendant la nuict.

Eau contre les dartres du visage.

VOus prendrez eaux de Roses, de Morelle, de Plantain, & vinaigre blanc, de chacun demie livre : faites dissoudre dedans sel commun preparé, & sel Armoniac, de chacun demie once ; puis distillez par la Cornuë au feu de sable, & cohobez deux fois : sur la fin faites un feu fort, pour faire monter les esprits des sels, & du vinaigre. Il faut appliquer cette eau avec une plume sur les dartres, & en mettre trois ou quatre fois le jour.

Eau contre les rousseurs du visage.

PRenez suc de Limon trois onces, vinaigre blanc quatre onces, Alun en poudre une livre, fiel de beuf demie livre : distillez le tout au Bain boüillant, & appliquez l'eau qui distillera avec une plume sur les rousseurs.

M y

Eau qui leve toutes sortes de
cicatrices.

PRENEZ sucs de Morelle, & Coulevrée, de chacun demie livre; di-
ftillez-les au Bain boüillant : faites diffoudre dans l'eau diftillée une drachme
de Camphre, puis en mettez fur les cicatrices avec une plume trois ou quatre
fois le jour.

Eau pour fortifier , & embellir
tout le corps.

PRENEZ fleurs de Sureau, & d'Ef-
pine blanche, de chacune deux livres, fleurs de Febves de haricot une
livre, moüelle de Citroüille livre & demie, Borax trois onces, Therebentine
de Venife une livre , quatre Pigeonneaux écorchez , & coupez par morceaux, Miel de Narbonne livre & demie , laict de Chevre trois livres , les
blancs & les cocques de vingt œufs
frais, quatre Citrons coupez par roüelles, fucre Candi demie livre, Canelle
& cloud de Girofle, de chacun demie
once : pilez ce qui fe pourra piler, &

mettez le tout dans une Cucurbite de verre, & diſtillez au Bain à l'eau chaude du commencement, puis ſur la fin de la diſtillation faites boüillir le Bain. Cette eau fortifie & embellit le corps, & le preſerve de pluſieurs maladies : Il eſt bon de s'en laver tout le corps dans le commencement du Printemps, & ſur la fin de l'Automne. Pour le viſage il faut s'en frotter une fois la ſemaine le ſoir en ſe couchant, & le matin en ſe levant s'eſſuyer avec un linge blanc de leſſive.

Eau pour les teins groſſiers, & contre les tannes.

VOVS prendrez eau de vie vne livre, fleurs de Soufre deux onces, fruicts de Meurier ſauvage, autrement appellé fruicts de Ronce, une livre : faites infuſer le tout vingt-quatre heures ſur des cendres chaudes dans une Cornuë de verre ; puis diſtillez au feu de limaille de fer juſques à ce qu'il ne ſorte plus de fumée. Il faut mettre ſoir & matin de cette eau ſur le viſage, & ſur les tannes, & continuer juſques à ce

M vj

que le teint soit blanc & uni, & que les tannes soient toutes dissipées.

Eau pour laver & nourrir les teins qui auront esté corodez par l'eau precedente.

PRENEZ oignons de Lys, racines de Nenuphar, Concombres & Melons, le tout coupé par tranches, de chacun demie livre ; six Pigeonneaux tuez sans les seigner, desquels vous osterez la peau, & les entrailles, & les couperez par morceaux ; sucre fin quatre onces, Borax & Camphre, de chacun une drachme ; la mie d'vn petit pain de Chapitre : faites infuser le tout vingt-quatre heures au Bain dans deux livres de vin blanc, puis distillez au Bain boüillant jusques à ce qu'il ne monte plus rien. Quand on veut rendre les eaux de bonne odeur, il faut mettre dans le canal de l'Alembic quelques grains de musc, ou d'ambre gris, dans un petit sachet de toile, avec un peu de sucre ; autrement l'ambre & le musc ne se dissoudroient pas. Il faut mettre de cette eau sur le visage deux ou trois fois la semaine, le soir en se mettant au lict, sans s'essuyer que le lendemain au matin.

CHAPITRE IV.

De l'huile, & eau de Talc.

Huile de Talc.

PLVSIEVRS asseurent qu'ils sçavent extraire l'huile du Talc sans addition ; cette operation n'est pas si commune, ny si facile comme ils le disent : Ie croy que peu de personnes sçavent ce secret, & qu'il est fort rare. Voicy quelques methodes de preparer le Talc, qui sont bonnes pour le teint, & sont faciles à faire, & je puis asseurer que leur effect est tres-bon.

Prenez trois ou quatre douzaines d'œufs frais, que vous ferez durcir, & en osterez les cocques, & les couperez par la moitié, tirerez les jaunes, & mettrez en leur place du Talc de Venise pulve-

rifé, & tamifé ; puis vous rejoindrez les
deux moitiez enfemble , & les lierez
avec du fil blanc , & mettrez quelque
peu de cire d'Efpagne deffus le fil, vis-
à-vis des jointures pour les faire tenir :
vous rangerez tous les œufs, ainfi accommodez, dans une Cucurbite de verre , & la couvrirez d'une autre petite
Cucurbite : vous les lutterez enfemble
avec de la chaux vive , & du blanc
d'œuf ; puis les mettrez dans du fumier
de cheval, de façon qu'elles foient en-
tourées de toutes parts de l'époiffeur
d'un pied dudit fumier. Lors que le fumier commencera à fe refroidir, il faudra le renouveller : & pour l'exciter il
faut l'arroufer quelquefois avec un peu
d'eau chaude. Vous laifferez vos vaiffeaux quarante jours dans le fumier, au
bout defquels l'on trouvera dans le
fond une liqueur onctueufe comme de
de l'huile ; de laquelle on mettra le foir
fur le vifage fans l'effuyer que le matin
avec un linge jaune qui aura efté à la
leffive. Ie n'ofe affeurer que ce foit ve-
ritablement huile de Talc, mais je puis
dire certainement qu'elle eft tres-bon-

ne, & tres-excellente pour le teint, & que l'on s'en peut servir avec asseurance. Si l'on la veut rendre claire, il faudra la filtrer par le papier gris.

Autre huile de Talc.

VOvs prendrez du Talc de Venise pulverisé quatre onces, une livre de paste de farine de froment, de laquelle vous ferez trente-deux morceaux, & mettrez au milieu de chaque morceau un gros dudit Talc en poudre, & l'entourerez de ladite paste en forme d'un petit pain. Vous mettrez tous les petits pains au four à cuire avec du grand pain. Quand ils seront cuits vous les ouvrirez, & prendrez le Talc qui sera au milieu, que vous pulveriserez ; puis vous prendrez des racines de Coulevrées, ausquelles vous ferez des creux de la profondeur de quatre doigts, que vous remplirez d'un tiers du Talc que vous avez pulverisé. Apres vous mettrez toutes vos racines ainsi remplies à la cave, & les y laisserez vingt-quatre heures ; au bout desquelles vous les trouverez remplies d'une liqueur que

vous osterez par inclination, & laisserez autres vingt-quatre heures; & continuerez jusques à ce qu'elles ne rendent plus d'humidité. Il faut que les racines soient fraichement cueillies. Cette huile a les mesmes vertus que la precedente.

Autre huile de Talc.

PRENEZ quatre onces de Talc pulverisé, & les mettez avec partie égale
de salpetre dans un Creuset au milieu
des charbons ardans. Lors que le salpetre sera consommé, vous en remettrez
d'autre, & reïtererez cinq ou six fois,
puis laissez refroidir. Prenez la masse
qui sera dans le Creuset, & la reduisez
en poudre, & la mettez dans un petit
sachet de toile, que vous suspendrez
à la cave, & mettrez un vaisseau dessous
pour recevoir la liqueur qui tombera
par defaillance. Il faut en mettre toutes les semaines une fois en se mettant
au lict. Elle blanchit & nettoye le cuir
de toutes sortes de taches.

Eau de Talc.

PRENEZ dans le mois de May telle quantité de limaffons avec leurs cocques qu'il vous plaira, & les mettez dans un pot de terre avec une poignée de ſel, & du vinaigre tant, qu'il ſurpaſſe les limaffons d'vn doigt : agitez le tout enſemble pour les faire dégorger, & jetter leurs mouffes : puis oſtezles, & les lavez trois ou quatre fois de ſuite dans du vin blanc ; puis les effuyez avec un linge blanc, & les mettez dans un pot de terre verniffé. Donnezleur tous les jours, durant trois mois, une cuillerée de poudre de Talc tamiſée, & les remuer quelquefois, & faites deſcendre ceux qui monteront, & couvrez le pot. S'il ſe fait quelque petite pelicule à l'ouverture de leurs cocques, il n'importe. Apres trois mois prenez les limaffons, & tout ce qui ſera dans le pot ; pilez le tout, & auffi les cocques, & les mettez dans une Cucurbite de verre, & diſtillez au Bain boüillant juſques à ce que toutes les feces ſoient tout-à-fait ſeiches : oſtez les

feces, & rectifiez l'eau deux fois au
Bain : à la derniere fois, mettez dans
le canal du Chapiteau du musc, ou de
l'ambre gris dans un petit sachet, avec
du sucre, comme il a esté dit cy-devant,
pour corriger la mauvaise odeur de cette eau. Elle est admirable pour blanchir, unir, & tendre la peau. Il faut la
mettre apres s'estre decrassée avec quelque bonne eau, & un petit linge fin,
& la laisser seicher, puis s'essuyer doucement.

CHAPITRE V.

Des Pommades.

Pommade de Chevreau.

PRENEZ coeffes de Chevreau une
livre, & les lavez dans de l'eau de
fontaine vingt ou trente fois de suite,
& les y laissez tremper cinq ou six jours,
& changez d'eau deux fois le jour, jusques à ce qu'elles rendent l'eau claire,
& qu'elles soient bien nettes : égoutez-

les dans un linge blanc, & les coupez
par petits morceaux, & les mettez
dans une terrine neufve vernissée, avec
une chopine d'Eau-rose, un Citron
coupé par tranches, deux cuillerées
d'eau de cloud de Girofle; Storax, &
Benjoüin, de chacun une once : faites
boüillir le tout ensemble à petit feu,
jusques à ce que la graisse soit toute
fonduë. Alors passez par un linge bien
net, un peu épois, ce qui sera dans la
terrine dans une autre terrine, dans
laquelle il y aura une chopine d'Eau-
rose. Il ne faut point exprimer : quand
la coulature sera froide vous leverez la
graisse avec une cuilliere d'argent, &
la mettrez dans un mortier de marbre,
& la laverez encore une fois ou deux,
avec de l'Eau-rose, ou eau de fleurs
d'Oranges; puis vous la pilerez jusques
à ce qu'elle soit parfaitement blanche:
apres quoy vous la serrerez dans un
pot de fayence bien net, & mettrez par
dessus l'époisseur d'un demy doigt de
sucre fin en poudre, pour la conserver.
Toutes les pommades où il n'entre
point d'huile se peuvent conserver de

la forte. Elle nourrit le teint ; elle oste
les rides du visage ; elle guerit les éle-
vûres , & les lévres fenduës & ger-
sées.

Pommade pour tenir le teint frais & uny.

VO v s prendrez beure de May , &
suif de Taureau , de chacun demie
livre : faites les fondre ensemble dans un
pot neuf, avec un demy septier d'Eau-
rose , puis les passez dans un linge dans
un autre pot où il y aura demy septier
d'Eau-rose. Quand le tout sera froid,
vous le leverez avec une cuilliere , &
le mettrez dans un mortier de marbre,
& incorporerez avecque six onces de
Cerusebien lavée plusieurs fois dans de
l'Eau-rose , & seichée au soleil , & reduite en poudre impalpable ; puis la
serrez dans un pot bien net , & mettez du sucre par-dessus , comme il a
esté dit. Vous mettrez soir & matin de
cette pommade , & vous essuyerez une
heure apres l'avoir mise.

Pommade pour nourrir le teint , &
contre les marques de la
petite verolle.

PRENEZ deux livres de lard bien
gras de la gorge d'un porc mafle,
ratiffez-le avec un couteau de bois, &
en oftez tous les petites fibres & mem-
branes : prenez demie livre de graiffe
de porc, de laquelle vous ofterez toutes les petites peaux, & la couperez par
morceaux. Mettez-les tremper neuf
jours dans de l'eau de riviere , qu'il
faut changer deux fois le jour , & les
bien manier avec les mains quand l'on
changera l'eau ; puis faites les fondre
dans une terrine avec Eau-rofe, & eau
de Plantain, de chacune demie livre,
deux cuillerées d'eau de Girofle , un
Citron , & une Orange coupée par
tranches ; fix pommes de Capendu
pelées & pilées dans un mortier de marbre, defquelles on aura ofté le cœur ;
Iris de Florence coupée par tranches
deux onces : couvrez le pot, & le mettez infufer vingt-quatre heures au Bain

tiede ; puis faites boüillir l'eau au Bain
de forte que ce qui fera dans le pot
boüille auffi. Il faut remuer de temps
en temps les drogues avec une Efpatule
de bois ; & lors que vous jugerez que
l'Eau-rofe , & eau de Plantain feront
confommées , oftez le vaiffeau du feu ,
& paffez par un linge blanc un peu
épois dans une terrine où il y aura demy
feptier d'Eau-rofe ; laiffez refroidir,
puis levez avec une cuilliere ce qui fera
fur l'eau , & le mettez dans une terrine
fur petit feu , avec fix onces d'huile
d'Amandes douces tirée fans feu : mélez bien le tout enfemble jufques à ce
que la pommade foit fonduë, oftez-la
de deffus le feu , & remuez jufques à ce
que le tout foit froid : puis vous la pilerez dans un mortier de marbre , jufques
à ce qu'elle foit bien blanche ; puis vous
la mettrez dans un pot en lieu temperé,
& verferez de l'eau de riviere par deffus, que vous changerez pour le plus
tard de deux jours en deux jours. Il eft
à remarquer que toutes les pommades
fe veulent faire tres-proprement & net-
tement quand on les veut garder , &

qu'il n'y a point d'huile dans la compoſition. Il faut mettre du ſucre comme
j'ay dit ; & dans celle où il entre de
l'huile , il faut la faire tremper dans
quelque bonne eau , comme de Roſe,
Plantain, Argentine, ou Fraiſe. Cette
pommade nourrit le teint , & le blanchit : elle eſt bonne pour les perſonnes
maigres ; elle efface les rougeurs de la
petite verolle , & diſſipe les éleveures
qui viennent au viſage. Il en faut mettre
ſoir & matin.

Pommade excellente qui ſe fait dans le mois de May.

PRENEZ une livre de beure frais du
mois de May, du plus gras que vous
pourrez trouver ; mettez-le dans un
vaiſſeau de fayence un peu large , &
l'expoſez au ſoleil en lieu où il donne
preſque tout le jour, & d'où il ne puiſſe
point tomber d'ordures : quand le beure ſera fondu, verſez deſſus de l'eau de
Plantain , & la meſlez bien avec une
Eſpatule de bois : Et lors que le ſoleil
aura diſſipé l'eau , vous en remettrez

d'autre, & remuerez cinq ou fix fois le jour, & continuerez à faire ce que def-fus, jufques à ce que le beure foit deve-nu blanc comme de la neige. Si le foleil n'eftoit pas affez chaud dans le mois de May, il faut continuer dans le mois de Iuin jufques à perfection. Sur les der-niers jours vous mettrez de l'eau de fleurs d'Orange, ou de Rofe, pour donner bonne odeur à la pommade. Elle fe conferve plufieurs années fans fe gafter : elle eft excellente pour blan-chir, nourrir, & conferver le teint. Il la faut mettre le foir, & s'effuyer le matin avec un linge de chanvre neuf.

Pommade de pieds de mouton.

VOvs prendrez cinq ou fix dou-zaines de pieds de mouton, deux ou trois jours devant la pleine lune ; vous en ofterez toute la chair, & caffe-rez les os, que vous mettrez boüillir dans de l'Eau-rofe, ou du vin blanc ; au defaut de l'eau de riviere, environ un quart d'heure dans un pot neuf ver-niffé : puis vous pafferez par un linge dans un pot où il y aura une demie livre
d'Eau-rofe:

d'Eau-rofe : laiffez refroidir la coulature, & lorfqu'elle fera froide vous leverez la graiffe de deffus l'eau avec une
cuilliere ; puis vous la laverez cinq ou
fix fois avec de l'Eau-rofe, & la pilerez
dans un mortier de marbre jufques à
ce qu'elle foit parfaitement blanche :
alors vous l'incorporerez avec une troifiefme partie de fon poids d'huile des
quatre femences froides tirée fans feu ;
le tout eftant bien meflé enfemble vous
mettrez cette pommade dans un vafe
bien propre & net, & verferez deffus
quelque eau odoriferante, ou au defaut
de l'eau commune : il faut la changer
fouvent comme il a efté dit. Il faut mettre de cette pommade deux ou trois
fois la femaine. Son ufage & fes vertus
font affez connuës, c'eft pourquoy je
n'en diray pas dauantage. Pour la chair
que vous avez oftée des os, vous la ferez boüillir comme vous avez fait les
os ; il s'y trouvera peu de graiffe, elle
ne laiffe pas d'eftre auffi bonne que la
premiere.

N

Autre pommade excellente.

PRENEZ une once de perles fines
bien blanches, & concaſſez les dans
un mortier, & les mettez dans un vaiſſeau de verre ; verſez deſſus du vinaigre
blanc diſtillé, qu'il ſurnage de deux
doigts : mettez le vaiſſeau ſur des cendres chaudes pour aider la diſſolution
deſdites perles. Lors qu'elles ſeront
diſſoutes vous verſerez le vinaigre par
inclination, & laverez la diſſolution
deux ou trois fois avec de l'eau de fleurs
d'Orange, ou de Roſe ; puis vous l'incorporerez avec deux parts de la pommade de pieds de mouton cy-deſſus.
Au defaut de la diſſolution de perles,
l'on pourra meſler avec ladite pommade du Talc de Veniſe reduit en poudre
impalpable. Cette pommade s'applique ſoir & matin, & eſt fort excellente.

Autre pommade excellente.

VOUS prendrez une douzaine de
pommes de Reinette, & les pelerez, & en oſterez toutes les pepinieres,

& les ferez boüillir avec de l'Eau-rose
dans un pot de terre neuf vernissé:
vous y adjousterez de l'eau de cloud de
Girofle, & de Canelle, de chacun demie once, une poignée de cimes &
fleurs de Lavande, quatre livres de
panne de porc bien blanche, coupée
par morceaux, desquelles vous osterez
les peaux & fibres : faites boüillir le
tout à petit feu l'espace de quatre heures; mettez sur la fin une demie livre
de cire blanche grenée, remuez le tout
sur le feu un quart d'heure, jettez-en
une petite goutte sur le feu, si elle ne
fait point de bruit la pommade est cuitte ; sinon il faut continuer le feu jusques à ce que l'eau soit tout-à-fait consommée : puis vous passerez par l'étamine dans une terrine dans laquelle il
y aura deux livres d'Eau-rose : quand
elle sera froide, vous leverez la pommade avec une cuilliere, & la pilerez
& laverez comme il a esté dit des autres pommades. Elle est excellente pour
toutes sortes de teins, & s'applique soir
& matin.

Autre pommade.

PRENEZ une douzaine de pommes
d'Api, que vous pelerez, ofterez
le cœur, & couperez par tranches, &
les mettrez infufer un jour entier dans
de l'Eau-rofe avec une once d'eau de
Canelle, de telle forte que l'eau cou-
vre les pommes de la hauteur d'un
doigt : prenez fix onces de pannes de
porc, oftez-en les fibres & peaux, comme il a efté dit, & les coupez par morceaux, & mettez le tout dans un pot
verniffé, & faites fondre à petit feu,
puis boüillir à feu doux jufques à ce
que les pommes foient bien cuittes;
puis paffez par la chauffe, une terrine
deffous où il y aura une chopine d'Eau-
rofe, laiffez refroidir, puis levez la
pommade avec une cuilliere, & la lavez, dulcorez, & pilez jufques à ce qu'elle foit bien blanche ; incorporez avec
quelques grains de mufc, d'ambre, ou
de civette, & la ferrez dans un pot bien
net & couvert. Cette pommade eft
bonne pour le vifage, pour les mains,
& les cheveux : Elle s'applique le foir.

Pommade contre les dartres vives.

PRENEZ une once de mouches Cantarides, & les pulverifez, & les mettez diffoudre dans un peu de vin: prenez quatre onces de fuif de mouton bien lavé & purifié dans de l'Eaurofe : faites-le fondre, & incorporez la poudre des Cantarides ayec, & oftez de deffus le feu , & remuez toufiours jufques à ce que la pommade foit froide. Il en faut mettre foir & matin fur les dartres; trois jours de fuite fuffifent; puis il fe faut frotter apres, huit jours de temps de la pommade de Chevreau.

Pommade contre les dartres farineufes.

PRENEZ fix oignons de Lys, & les faites cuire dans de l'eau commune jufques à ce qu'ils foient comme de la boüillie : faites-les égouter dans un linge, puis les pilez dans un mortier avec deux cuillerées de miel de Narbonne, & une cuillerée de vinaigre blanc diftillé; puis vous y adjoufterez deux onces des quatre femences froides , mon-

dées & bien pilées : incorporez le tout
enfemble , & en faites pommades. Il
faut s'en mettre un mois de fuite tous
les foirs en fe couchant.

Pommade pour embellir le vifage, &
qui ofte les affretez de la peau
provenantes du foleil.

VO v s prendrez quatre onces de
graiffe de Chapon , & la mettrez
tremper dans de l'eau de fontaine trois
jours : changez-la deux ou trois fois le
jour d'eau , & la maniez auec les mains
pour la rendre plus blanche : mettez-la
dans une terrine verniffée , avec deux
onces de pommade de pieds de mouton , une once de cire blanche , eau de
lys quatre onces : remuez bien le tout
avec une Efpatule en fondant, & faites boüillir environ un quart d'heure à
petit feu : apres paffez par un linge dans
une terrine où il y aura de l'Eau-rofe ;
laiffez refroidir, puis lavez la pommade avec la cuilliere , & la pilez dans un
mortier jufques à ce qu'elle foit bien
blanche , & la ferrez dans un pot en

lieu fec. Il en faut mettre le foir en fe
couchant, & le matin au fortir du
lict, & s'effuyer le plus tard que l'on
pourra.

Autre pommade pour le mefme.

PRENEZ beure de May, graiffe de
Chevreau, fuif de Bouc, pommade
de pieds de mouton, de chacune trois
onces : faites fondre le tout dans une
terrine verniffée, avec de l'eau de
Courge & de Morelle, de chacune demie livre ; faites boüillir une heure, &
adjouftez fur la fin deux cuillerées d'eau
de Girofle, & une cuillerée d'eau de
Canelle ; puis paffez & pilez comme
vous avez fait cy-deffus. Il en faut mettre le matin fur le vifage devant le feu,
& eftre demie heure fans s'effuyer.

Pommade contre le hâle.

PRENEZ deux onces d'huile de noix,
lavez-la deux fois dans de l'Eau-rofe ; oftez l'eau, & mettez l'huile dans
une terrine fur le feu avec une once de
cire blanche coupée par morceaux :
quand elle fera fonduë remuez jufques

à ce qu'elle soit froide ; mettez-la dans
de l'eau : il faut changer l'eau tous les
jours. L'on mettra de cette pommade
quand on ira au soleil.

Pommade contre les rides du visage.

VO v s prendrez suc d'oignons de
Lys blancs, & miel de Narbonne, de chacun deux onces ; cire blanche fonduë une once : incorporez le
tout ensemble, & faites pommades. Il
en faut mettre tous les soirs, & ne s'essuyer que le matin avec un linge.

Autre pommade contre les rides du visage.

PRENEZ six œufs frais, & les faites
durcir ; ostez-en les jaunes, & mettez en leur place de la Myrrhe, & du
sucre candy en poudre, partie égale :
rejoignez les œufs, & les exposez sur
une assiete devant le feu : il en sortira
une liqueur que vous incorporerez
avec une once de graisse de porc. Il faut
s'en mettre le matin, & la laisser seicher, & puis s'essuyer.

Autre pommade contre les rides.

PRENEZ huile de cire , eſprit de Therebentine , ſemence de baleine, de chacun une once : faites fondre une livre de ſuif de Cerf dans un pot neuf verniſſé avec quatre onces d'Eau-roſe ; puis incorporez les drogues ſuſdites , & les paſſez par un linge dans une terrine où il y aura de l'Eau-roſe , ou quelque autre bonne eau ; laiſſez refroidir , puis levez, & pilez la pommade comme il eſt dit. Elle s'applique ſoir & matin.

Pommade contre les lentilles & rouſſeurs.

PRENEZ fiel de beuf , eſprit de Soufre , éponge bruſlée , ſuif de mouton , partie égale , de chacun une drachme : incorporez le tout enſemble , & en faites pommade. Il en faut mettre le ſoir en ſe couchant ſur les lentilles & rouſſeurs , & ſe laver le matin avec de l'eau de Fraiſe.

N v

Autre pommade contre les lentilles & rousseurs.

VO v s prendrez deux pommes de Capendu , Celeri , Fenoüil , de chacune une poignée ; farine d'orge deux drachmes : faites boüillir le tout enfemble un quart d'heure dans quatre onces d'Eau-rofe ; puis adjouftez une once de fine farine d'orge , le blanc de quatre œufs frais, & une once de graiffe de Cerf ; paffez le tout par l'étamine dans une terrine où il y aura un peu d'Eau rofe , lavez, dulcorez, & pilez comme aux autres pommades. Il faut mettre le plus fouvent que l'on pourra de cette pommade pour ofter les lentilles & rouffeurs, & continuer juf- ques à ce qu'elles foient tout-à-fait effacées. Il faudra apres fe garder du foleil, du grand air, & du hâle.

Pommade contre les fentes ou crevaſ-
ſes qui viennent aux lévres,
& aux mains.

VO v s prendrez graiſſe de Cerf,
ou de Chevreau ſix onces, graiſſi
de porc frais quatre onces : coupez leſdites graiſſes par petits morceaux, &
les lavez cinq ou ſix fois de ſuite dans
du vin blanc ; puis exprimez ſi long-
temps & ſi fort, que tout le vin ſoit
écoulé : mettez-les fondre dans un
vaiſſeau de terre neuf, & plombé, &
y adjouſtez des racines d'Iris coupées
par tranches demie once, une noix
Muſcade, deux ou trois pommes de
Reinettes pelées & coupées par tranches, une livre d'Eau-roſe, une once
de Cire, une demie once d'eau de Girofle : faites fondre le tout à petit feu,
puis boüillir environ une demie heure :
apres paſſez dans un linge, une terrine
deſſous, dans laquelle il y aura quelque bonne eau : laiſſez refroidir, & levez la pommade comme il a eſté dit cy-
deſſus, & la pilez dans vn mortier de
N vj

marbre, & l'incorporez avec deux onces d'huile de cire. Il en faut mettre
tous les soirs un peu sur les lévres en se
mettant au lict. Pour les mains, on se
les en frottera soir & matin. Il faut
s'abstenir de mettre ses mains dans
l'eau, jusques à ce que l'on soit parfaitement gueri.

Pommade contre le hâle du soleil, & contre le hâle du froid.

PRENEZ racine de Coulevrée,
oftez-luy l'écorce, pilez-la, & la
faites cuire avec de l'huile d'Amandes
douces : quand elle sera bien cuite incorporez avec, sur le feu, partie égale
de Cire neufve blanche, vn peu de
sucre candy ; & sur chaque once de
ladite composition il faut y mesler
vingt grains de Camphre : coulez-la &
l'enfermez dans un vaisseau de verre
pour la garder. Quand on voudra se
servir de cette pommade, il la faudra
delayer dans la paume de la main avec
un peu de salive, & l'appliquer sur le
visage. Elle leve le hâle, & empesche

qu'il nevienne fi on s'en met par precaution.

Pommade contre les taches noires, blanches, rouffes & verdaftres qui viennent au vifage.

PRENEZ fuc de Limons, & blanc
d'œufs, égale partie ; battez-les
bien fort enfemble, mettez-les dans
une tertine fur le feu, avec un peu de
graiffe de poulle, & remuez toufiours
jufques à ce que le tout foit en confiftence de pommade. Il s'en faut mettre
tous les foirs, & continuer jufques à ce
que lefdites taches foient parties.

CHAPITRE VI.

Des Rouges pour le vifage.

Pour faire le Carmin.

PRENEZ demy gros de Choüan en
poudre, & le mettez dans une terrine verniffée avec une livre d'eau de

fontaine : faites le boüillir fur le feu à
gros boüillons, puis coulez par un linge dans une terrine , & le remettez fur
le feu , & y adjouftez deux gros de
Cochenille en poudre, & faites boüillir
à petits boüillons autāt comme deffus;
puis mettez un demy gros d'Autour
en poudre, & le laiffez boüillir un demy quart d'heure , puis paffez dans un
linge comme deffus , & mettez dans
la coulature une pincée d'Alun en poudre pendant qu'elle eft chaude ; vous
la laifferez repofer dans une terrine
quinze jours ; fi elle moifit il n'importe:
oftez l'eau par inclination , & laiffez
feicher au foleil la poudre qui reftera
au fond : prenez de la gomme Adragant à difcretion , & la faites diffoudre
dans de l'Eau-rofe : prenez un peu de
cette diffolution, & delayez de la poudre fufdite avec, & la ferrez dans une
boëte. Pour s'en fervir il faut prendre
un pinceau, & le tremper dedans, &
l'appliquer fur les joües , & lévres,
apres l'étendre avec le doïgt.

Autre rouge pour le visage.

VOVS prendrez bois de Bresil en poudre une once, & le mettrez infuser vingt-quatre heures sur des cendres chaudes dans de fort vinaigre distillé, de sorte que le vinaigre surpasse ladite poudre de deux doigts : apres quoy vous y adjousterez deux livres d'eau, & ferez boüillir le tout jusqu'à diminutiõ des trois parties : ce qu'estant fait vous y adjousterez demy quarteron d'Alun en poudre, & demie once de colle de poisson coupée par morceaux : quand elle sera dissoute, passez & mettez dans des boëtes. Il s'applique comme dessus.

Autre rouge.

PRENEZ Sandal rouge bien pilé une once, versez dessus une livre de vinaigre distillé : faites boüillir jusques à diminution des trois parts, puis y adjoustez une pincée d'Alun en poudre, & deux cuillerées d'Eau-rose, dans laquelle aura dissout de la gomme Adragant ; passez & mettez dans une boëte,

& vous en servez comme il a esté dit.

Autre rouge.

PRENEZ Orcanette, & gomme Lac-
que, de chacune un gros; versez dessus suffisante quantité de jus de Citron
dans un petit pot de terre vernissé:
faites infuser une nuict sur des cendres
chaudes, puis y adjoustez une demie
livre d'Eau-rose, faites boüillir jusques
à diminution des trois parts, & passez,
& vous en servez comme il est dit.

CHAPITRE VII.

Mouchoirs pour le visage.

PRENEZ deux livres d'Alun, une
livre de Borax, gommes Adragant
& Arabique, de chacun une livre: faites infuser le tout dans une pinte de
vin d'Espagne, ou d'excellent vin blanc
dans un vaisseau de verre bien bouché
au Bain-Marie, & l'y laissez trois
jours entiers: prenez une livre de Ce-

rufe , & la mettez dans un fachet de
linge, & la faites boüillir dans un pot
neuf avec cinq livres d'eau de fontaine,
jufques à diminution de moitié : Prenez cette eau , & une pinte de laict de
Chevre, & les mettez avec l'infufion
cy-deffus : prenez deux livres de Miel
blanc, trois livres de Therebentine de
Venife bien lavée , trois chopines de
vinaigre blanc diftillé , & les faites
boüillir enfemble à reduction de moitié ; puis les mettez avec les chofes fuf-
dites. Prenez un gros Chapon plumé,
& le coupez par morceaux, & caffez les
os , le blanc & les cocques de douze
œufs frais, quatre Citrons coupez par
tranches, demie once de cloud de Girofle : metrez tout ce que deffus enfemble , & diftillez au Bain boüillant jufques à ce qu'il ne monte plus rien. Pour
fe fervir de cette eau il faut prendre
des mouchoirs de toile qui ne foit ny
groffe, ny déliée; vous les ferez tremper une nuict dans cette eau , & les
laifferez fecher doucement à l'ombre,
puis vous les reïtererez jufques à trois
fois. Lors que l'on voudra fe fervir de

ces mouchoirs , il faut se decrasser. le
soir avec quelque bonne eau , & le matin se frotter avec un de ces mouchoirs,
qu'il faudra enveloper de papier blanc,
& le mettre en la poche pour s'en servir lors que l'on ira en compagnie.
Pour les autres mouchoirs on les enve-
lopera avec du papier , & on les mettra dans une boëte bien bouchée. S'il
reste de l'eau elle se garde long temps :
il la faut mettre au soleil dans une phiole de verre bien bouchée , pour s'en
servir quand on reblanchira les mouchoirs. Vn mouchoir peut servir trois
mois : quand on voudra le racommo-
der il faudra le mettre à la lessive , &
faire comme dessus. Ces mouchoirs
blanchissent, nourrissent, & tendent
la peau. L'on peut s'en frotter tant & si
peu que l'on voudra. Celles qui s'en
serviront doivent éviter le soleil, & le
grand air.

CHAPITRE VIII.

Fiel de bœuf.

Comme on le prepare à Montpellier.

PRENEZ quatre ou cinq fiels de bœufs, & les vuidez dans une grande terrine ; mettez avec alun & fel de verre reduits en poudre, de chacun une once : foüettez le tout avec une poignée de verge l'efpace de deux ou trois heures, que le tout fera comme de la mouffe ; puis vous le filtrerez par un morceau de drap, & le laifferez paffer à loifir : vous prendrez ce qui fera paffé, & le mettrez dans une phiole de verre double, avec deux onces de Borax, deux gros de Camphre, & un gros de Sublimé ; expofez la phiole au foleil quinze jours, & l'agitez trois ou quatre fois par jour ; puis vous mettrez ladite phiole dans une foffe en la cave, de façon qu'elle foit toute couverte de tetre, & l'y laifferez quarante jours ; puis

vous l'osterez, & filtrerez. Quelques-
unes se servent de ce fiel preparé comme je viens de dire, les autres le font
distiller au Bain : pour moy je le trouve
meilleur sans distiller que distillé. Il
corrode la peau ; il est bon pour les
teins grossiers; il leve le hâle, & garantit du hâle : on le met le soir en se couchant : il faut le lever le matin avec
quelque bonne eau, côme eau de Fraise,
ou eau de la Reine de Hongrie. Pour
la mousse qui est restée sur le filtre n'est
propre à rien. J'ay donné advis de ne
point mettre de Sublimé dans les compositions, & il en entre dans celle-cy:
j'ay esté obligée de l'escrire pour faire
un fidelle rapport de la composition
& preparation du fiel de bœuf de
Montpellier.

CHAPITRE IX.

Preparation de Verjus.

VOvs prendrez de petits grains de
Verjus blanc, quand il n'est pas plus

gros que de petits pois ; fleurs de Lys
blancs , & fleurs de Sureau, de chacune
une livre ; deux fiels de bœuf, une once
de Camphre , demie once de Borax :
diftillez le tout au Bain boüillant jufques à ce qu'il ne monte plus rien : puis
expofez ce qui fera diftillé dans une
bouteille quarante jours au foleil , &
ferain. Il faut l'appliquer le foir : il deterge & corrode : il eft bon contre les
tannes , & roufleurs. L'on peut faire
encore de cette façon quand les grains
font prefque meurs, qui corrode encore plus que le precedent.

CHAPITRE X.

Des doubleures de Mafque , & des Cornettes de jour, & de nuict.

Doubleures de Mafque.

PRENEZ de la toile de chanvre jaune, & la lavez cinq ou fix fois dans

de l'Eau-rose, la laissant secher doucement à chaque fois : puis vous la tremperez dans des jaunes d'œufs, que vous
delayrez premierement avec un peu
d'Eau-rose, dans laquelle vous aurez fait
dissoudre de la gomme Adragant ce
que ladite eau aura pû dissoudre ; faites
secher la toile sur un carré de bois bien
tenduë, puis en taillez vos doubleures
de Masque.

Autre doubleure.

L A v e z la toile comme dessus, puis
l'imbibez avec des jaunes d'œufs,
& de l'huile des quatre semences froides tirée sans feu, de sorte que les œufs
& l'huile penetrent ladite toile, & faites secher comme dessus. L'on peut
aussi faire des doubleures de Masques
avec de la cire blanche, & de l'huile
d'Amandes douces, apres avoir esté
abreuvée de jaunes d'œufs.

Cornettes iaunes de iour.

PRENEZ un jaune d'œuf, & quatre cuillerées d'efprit de vin ; battez-les bien enfemble avec une cuilliere, & trempez voftre Cornette dedans, que vous aurez premierement purgée trois ou quatre fois avec de l'Eau-rofe ; & puis laiffez-les fecher à l'ombre.

Autre façon de iaunir les Cornettes.

PRENEZ la feconde écorce du bois de Berberis, ou Efpine-vinette; mettez-la tremper dans de l'eau de riviere vingt-quatre heures : quand vous verrez l'eau jaune trempez vos Cornettes dedans, & les mettez fecher fans les preffer.

Autre.

VOvs prendrez dix grains de Safran, & verferez une'once d'efprit de vin deffus ; & lorfque l'efprit de vin fera bien coloré, vous le verferez par inclination, & en remettrez d'autre, & continurez jufques à ce que voftre Safran ne rende plus de teinture: mélez

avec l'efprit teint fuffifante quantité de
vin blanc, de forte que la liqueur foit
d'une couleur jaune un peu enfoncée ;
puis trempez vos Cornettes dedans,
que vous laifferez feicher comme
deffus.

Pour faire Cornettes de nuict.

PRENEZ de la toile jaune de Chanvre, qui ne foit ny trop fine, ny trop
groffe , & en faites Cornettes , que
vous laverez deux ou trois fois dans de
l'Eau-rofe , puis vous les laifferez fecher; puis vous les frotterez avec des
jaunes d'œufs frais , de forte que les
jaunes d'œufs les penetrent de part en
part: apres faites fondre de la cire, &
meflez avec de l'huile d'Amandes douces , on des quatre femences froides;
puis trempez les Cornettes dedans, &
les étendez fur un morceau de papier,
& paffez un rouleau deffus ; & les ferrez entre deux papiers, & les mettez
en lieu temperé, de peur qu'elles ne fe
gaftent. Il eft à obferver de faire fondre
la cire tres-doucement ; & lors que
l'on trempera les Cornettes dedans,

que

que la compoſition ne ſoit que tiede,
de peur de cuire les œufs deſquels l'on
a frotté les Cornettes au precedent.

Autre maniere d'accommoder les Cor-
nettes de nuict.

VO v s prendrez pommade de pieds
de mouton une once , graiſſe de
Chevreau, & de porc frais, de chacune
une demie once; Cire grenée une once : faites fondre le tout enſemble à
petit feu dans une terrine verniſſée,
puis y adjouſtez une once d'huile de
Courge : Vous tremperez vos Cornettes dedans, que vous aurez au precedent purifiées avec de l'Eau-roſe , &
frottées dans des jaunes d'œufs; vous
les étendrez ſur du papier , & ferez
comme deſſus.

O

CHAPITRE XI.

Des paſtes, eaux, & pommades pour les mains.

Paſte pour les mains.

PRENEZ des quatre ſemences froides mondées, de chacune quatre onces, Pignon deux onces, Amandes douces pelées demie livre; pilez premierement les quatre ſemences froides: quand elles ſeront en paſte, mettez le Pignon, que vous incorporerez avec; puis vous mettrez peu-à-peu les Amandes. Il faut pour le moins quatre heures pour bien piler le tout: vous mettrez deux jaunes d'œufs frais; incorporez bien le tout enſemble, puis la paſte ſera faite, que vous mettrez dans un pot, & un peu de ſucre par deſſus: elle ſe garde long-temps. Il en faut frotter les mains tous les matins, puis les eſſuyer avec un linge blanc.

Autre paſte pour les mains.

PRENEZ Amandes douces pelées
une livre, poudre d'Iris une once,
Pignon quatre onces, ſemence de Baleine vne once : pilez bien le tout enſemble juſques à ce qu'il ſoit en conſiſtence de paſte : incorporez avec deux
onces d'huile des quatre ſemences froides, & les jaunes de deux œufs frais ;
faites boüillir dans un poilon avec un
demy ſeptier d'Eau-roſe, en remuant
touſiours avec vne Eſpatule, juſques à
ce que la paſte n'adhere plus au poilon.
Il en faut frotter les mains ſoir &
matin.

Autre paſte pour les mains.

VO vs prendrez Amandes ameres
pelées une livre, que vous pilerez,
puis y adjouſterez une once de Ceruſe,
une demie once d'amidon, les jaunes
de quatre œufs frais : faites boüillir le
tout dans un poilon avec ſix onces d'eſprit de vin, & faites comme deſſus.
Pour s'en ſervir il en faut prendre gros
comme une noix, & en frotter les

mains, & emplir ſa bouche d'eau, ou de vin, que l'on verſera ſur les mains; puis il les faut eſſuyer avec un linge blanc.

Autre paſte.

PRENEZ Amandes pelées une liure, & les pilez, puis y adjouſtez blanc d'Eſpagne, & poudre d'Iris, de chacun une once; laiƈt de Chevre quatre onces, mie de pain de Chapitre une once, huile d'Amandes douces deux onces, les jaunes de deux œufs frais: incorporez le tout enſemble, & faites cuire comme il a eſté dit, & vous en frottez les mains ſoir & matin.

Pommade qui blanchit les mains.

PRENEZ des pommes de Capendu à diſcretion, deſquelles vous oſterez les pelures, & pepinieres, & les coupez par tranches, puis les pilez dans un mortier de marbre juſques à ce qu'elles ſoient comme de la paſte: incorporez avec la mie d'un petit pain de Chapitre reduit en poudre bien déliée; imbibez le tout avec Eau-roſe, & vin

blanc, partie égale ; puis pilez une demie livre d'Amandes ameres, que vous
meslerez avec, & y adjousterez quatre
onces de Savon de Gennes rappé : incorporez bien le tout, & mettez dans
un poilon sur le feu, en remuant toûjours avec une Espatule, jusques à ce
que l'Eau-rose, & le vin soient evapo-
rez, & que la pommade n'adhere point
au poilon. Il en faut frotter les mains
soir & matin : elle se garde long-
temps, & mesme l'on en peut faire sa-
vonnettes.

Pommade pour le visage, & pour les mains.

PRENEZ beurre frais du mois de May,
Therebentine de Venise bien lavée,
de chacune une livre ; le suc de six Citrons : mettez le tout sur le feu dans un
pot neuf vernissé, avec quatre onces
d'Eau-rose ; faites boüillir à petit feu
jusques à ce que la Therebentine soit
cuite, & que l'Eau-rose soit evaporée:
ce que vous connoistrez en mettant
une goutte refroidir : si elle ne s'attache

point aux doigts elle eſt cuite. Il ne faut
oublier de remuer avec l'Eſpatule juſques à ce qu'elle ſoit froide. Pour luy
donner de l'odeur on pourra y adjoûter de l'eau de fleurs d'Orange, & de
Girofle. Il s'en faut frotter le viſage, &
les mains ſoir & matin.

Autre pommade pour les mains.

PRENEZ Borax, ſel commun preparé, Alun de roche, de chacun une
drachme; vous les pulveriſerez & ren-
drez impalpables : prenez les blancs de
ſix œufs frais, & trempez un morceau
d'éponge dedans, puis la preſſez, & l'y
faites rendre ce qu'elle aura pris. Faites cela tant de fois que les blancs
d'œufs ne rendent plus aucune écume :
mettez les poudres cy-deſſus avec dans
une petite terrine, & y adjouſtez le
ſuc de deux Citrons, puis mettez la terrine ſur des cendres chaudes, & remuez
touſiours avec une Eſpatule, juſques à
ce que tout ſoit en conſiſtence de pommade. Elle eſt bonne pour les mains, &
pour le viſage : elle oſte les tannes, &
adoucit le cuir.

Autre pommade pour les mains.

IL faut prendre les blancs de six œufs, & les purifier comme deſſus, puis incorporer avec Amidon, & Ceruſe en poudre, de chacun une once ; huile des quatre ſemences froides deux onces : mettez le tout dans une petite terrine ſur le feu, & remuez avec une Eſpatule juſques à ce qu'il ſoit en conſiſtence de pommade. Il faut en frotter les mains tous les matins. Elle eſt auſſi excellente contre le hâle quand on va au ſoleil. Il en faut mettre ſur le viſage ſans l'eſſuyer, puis on l'oſtera le ſoir avec de l'eau de Fraiſes.

Pommade contre les fentes, & crevaſſes qui viennent aux mains.

PRENEZ du froment, & le mettez ſur une aſſiete : faites rougir au feu une pelle de fer, puis la mettez ſur le froment, ſans qu'elle le touche : il en ſortira de l'huile ; prenez deux onces de cette huile, ſix onces de graiſſe de pou-

le, une once d'huile de noix; mettez le
tout dans une petite terrine sur le feu;
incorporez le tout ensemble, puis paſſez par l'étamine dans un vaiſſeau où il
y aura un peu d'Eau-roſe ; laiſſez refroidir, puis levez la pommade, & la pilez, & y adjouſtez deux ou trois gouttes d'eſſence de Cloud. Il faut mettre
de cette pommade ſoir & matin; apres
mettre des gans frottez de ladite pommade.

Savon pour blanchir les mains.

PRENEZ deux livres de Savon de
Gennes, rapez-le bien délié, & le
mettez ſecher au ſoleil juſques à ce
qu'il ſe puiſſe reduire en poudre tres-
fine : prenez écorces d'Oranges, & de
Citrons reduits en poudre, de chacune
une once; Iris de Florence en poudre
demie once : incorporez le tout avec
eſprit de vin, & huile de Tartre, partie égale, autant qu'il en faudra pour
faire paſte. Pour donner de l'odeur
vous mettrez deux ou trois gouttes
d'huile de fleurs d'Orange, de Iaſmin,
& de Girofle, avec un peu de Muſc,

ou d'Ambre gris , puis en formez des
favonnettes. Pour s'en fervir il faut arroufer les mains d'un peu d'eau tiede,
puis les frotter d'une favonnette, & les
effuyer d'un linge blanc : fi elles ne font
pas nettes de la premiere fois , il faudra recommencer , & continuer tous
les matins.

Eau pour blanchir les mains.

PRENEZ une livre de la graine de
Iufquiame , & la concaffez ; mettez-
la dans une Cucurbite ; verfez deffus le
fuc de douze Citrons , & une livre
d'efprit de vin ; puis diftillez au Bain
boüillant. Il faut laver les mains de cette eau tous les matins , puis mettre des
gans cirez.

CHAPITRE XII.

Des Ptisanes.

Ptisane pour engraisser.

PRENEZ raclure d'yvoire, & de corne de Cerf, de chacune une once; Ambre jaune demie once, quatre onces de raisins de Damas, desquels vous osterez les pepins ; une poignée de grains de froment : faites boüillir le tout dans quatre pintes d'eau, à diminution d'une pinte ; apres filtrez. Il faut boire de cette ptisane trois ou quatre verres tous les jours, & continuer quarante jours. Avant que de s'en servir il est necessaire d'estre purgé.

Autre ptisane qui engraisse, & fait dormir.

PRENEZ gruau d'avoine, & farine d'orge, de chacune une livre ; six pommes de Reinettes coupées par tranches ; mettez le tout dans un vaisseau

neuf de terre verniſſé, avec dix pintes
d'eau ; faites boüillir juſques à diminution de moitié : apres paſſez par un linge, & mettez du ſucre à diſcretion. Il
en faut boire le matin, & trois heures
apres diſner, & le ſoir en ſe couchant,
un grand verre à chaque fois. Cette
ptiſane, outre qu'elle fait dormir, &
engraiſſe, elle humecte & rafraichit.
Elle eſt bonne pour les vieilles perſonnes, & pour les jeunes.

Autre ptiſane pour le meſme.

IL faut prendre froment, avoine &
orge, de chacun une poignée ; racines de Nenuphar, & de Cichorée bien
nettes, de chacune deux onces ; miel de
Narbonne demie livre ; faites boüillir
le tout dans ſix pintes d'eau à reduction
de moitié ; écumez & paſſez par un linge, & en prenez comme il eſt dit cy-
deſſus.

CHAPITRE XIII.

Maniere de purifier & cirer des gans.

PRENEZ des gans de cuir minces &
pateux; lavez-les dans de l'eau de
fontaine quinze ou vingt fois de suite,
jusques à ce qu'ils rendent l'eau bien
claire : à la derniere fois vous les laverez dans de l'Eau-rose, & les laisserez
secher doucement à l'ombre : puis prenez des jaunes d'œufs frais, & trempez
les gans dedans, & les frottez de telle
sorte que les jaunes d'œufs penetrent
les gans de part en part, apres trem-
pez-les dans de l'huile de fleurs d'O-
range, ou de Iasmin, au defaut de l'huile d'Amandes douces, ou de l'huile
des quatre semences froides : étendez
les gans sur un papier, & les laissez
secher doucement entre deux papiers,
& les mettez une ou deux fois à l'air,
de peur qu'ils ne se gastent, & les serrez dans un lieu sec.

Autre maniere pour les gans.

PVRIFIEZ vos gans comme il a esté
dit cy-deſſus, & les frottez dans des
jaunes d'œufs frais: apres prenez de la
pommade de Chevreau deux onces,
cire jaune, ou blanche, une once, huile d'Amandes douces une once: faites
fondre le tout enſemble, & trempez
les gans dedans, & les frottez, & incorporez ſi bien leſdites drogues qu'elles penetrent les gans: apres les étendez ſur du papier blanc, & les tirez de
la façon que vous voulez qu'ils demeurent : paſſez un rouleau de bois par
deſſus pour les unir , & les ſerrez en
lieu ſec. Si vous les voulez parfumer
vous adjouſterez à la compoſition quelque huile odoriferante , comme de
fleurs d'Orange, ou de Iaſmin.

Autre pour les gans.

APRES avoir lavé les gans, & purifié comme deſſus, il ſuffit de les
laver dans de l'huile d'Amandes douces, ou de Courge, ou bien des quatre
ſemences froides ; cela dépend de la

volonté. Il eſt neceſſaire que le jaune
d'œuf ſoit employé aux gans avant que
de ſe ſervir deſdites huiles, dautant que
c'eſt la baſe, & que luy ſeul ſuffit : je
donne advis de ne ſe point ſervir d'huile ſeule pour laver les gans , dautant
qu'elle a beſoin de quelque choſe qui
l'arreſte ; c'eſt pourquoy il y faut meſler
de la cire. Les gans qui ne ſeront ſeulement lavez que d'huile, il faut mettre
d'autres gans par deſſus pour empeſ-
cher qu'ils ne gaſtent les habits.

CHAPITRE XIV.

Pour les dents.

Eau pour blanchir les dents , & pour fortifier les gencives.

PRENEZ Sel gemmes, Alun de roche , Soufre en canon , de chacun
deux onces ; Borax une once, perles &
Corail concaſſez , de chacun une demie once ; vinaigre blanc diſtillé quatre
onces : mettez le tout dans une Cornuë,

& faites digerer une nuit fur cendres chaudes, puis diftillez au feu de fable pouffez le feu fur la fin. Il faut laver les dents de cette eau avec un petit linge : elle blanchit & fortifie les gencives, & guerit les ulceres qui viennent à la bouche.

Eau pour les dents gaftées.

PRENEZ du fuc de Courge fauvage deux livres, écorce de Meurier demie livre, Pirerre & Iufquiame, de chacune fix onces ; Alun de roche, Sel gemme, Borax, de chacun une once : mettez dans la Cornuë, & diftillez au feu de fable jufques à ce qu'il ne monte plus rien. Il faut prendre une part de cette eau, & autant de vin, & les faire chauffer, & s'en laver la bouche. Elle ofte toutes fortes de pourritures, & mange les chairs mortes.

Baftons pour blanchir les dents.

PRENEZ gomme Adragant une once, pierre de Ponce deux gros, gomme Arabic demie once, & Criftal en poudre tres-fubtile une once : faites diffou-

dre les gommes dans de l'Eau-rose, &
incorporez les poudres avec, & en formez bastons, que vous laisserez secher
doucement à l'ombre : quand il seront
secs vous vous en frotterez les d'ents.

Opiat pour blanchir & conserver les dents.

PRENEZ Sang de dragon, Alun de
roche calciné, Encens masle, Sel
preparé & Sel de roses, de chacun deux
gros, bourre d'écarlate dix grains : incorporez le tout dans de l'huile rosat,
& en frottez les dents.

Autre Opiat.

VOvs prendrez fueilles d'Hysope,
d'Origan, & de Mente seches,
de chacune demie once; Alun de roche, corne de Cerf, sel commun, de
chacun une drachme : mettez toutes ces
choses brusler dans un pot sur les charbons ardans : quand elles seront brû-
lées vous y adjousterez Poivre & Mastic, de chacun demie drachme, Myrrhe un scrupule : reduisez toutes ces
choses en poudre subtiles, & les incor-

porez avec Storax liquefié en Eau-rofe
en confiftence d'Opiat. Il faut en frotter les dents le matin, & apres laver la
bouche avec du vin tiede.

Poudres pour les dents.

L'On peut faire poudre de toutes les
chofes qui fuivent, lefquelles blanchiffent & fortifient les dents; fçavoir
Sandal rouge, fang de Dragon, noix
de Galle, Carabé blanc & jaune, Maftic, Perles, farine d'orge, Canelle,
raclure d'yvoire, & de corne de Cerf,
Corail, bois d'Aloës, les fueilles de
Tamaric, racines d'Ozeille, & Tartre
de vin blanc: toutes ces chofes reduites en poudre, chacun en particulier,
blanchiffent les dents: comme auffi la
croûte de pain bruflée, la pierre de
Ponce, & Alun calciné, la poudre faite
de pots de grais, de tuilles, & de briques. Il faut fe laver la bouche apres
s'eftre fervy de ces poudres, d'eau de
Sauge, ou de Mente, laquelle eft excellente pour cet effect.

Esprits ou Essences propres pour les dents.

L'ESPRIT de Soufre, de Vitriol, de Sel-marin, de Salpetre & d'Alun, blanchissent les dents & les corrodent, & levent les chancres, & les rendent claires & blanches. Il faut les frotter legerement avec un petit baston, ou racines, comme il sera dit cy-apres, dautant qu'ils corroderoient & brusleroient la chair : il faut se laver la bouche apres avec du vin tiede.

Pour preparer les racines & bois pour frotter les dents.

PRENEZ petits bastons de Lierre, & racines de Guimauves, & les faites boüillir dans du vinaigre avec un peu de Sel & d'Alun : & lors que les racines commenceront à s'atendrir, & que le bois se pellera, ostez-les de dessus le feu, & les faites secher doucement; puis vous en servez à frotter les dents apres les repas.

CHAPITRE XV.

Des teintures pour les cheveux.

Teinture pour faire le poil blond.

PRENEZ limaille de Cuivre, Sel gemme, de chacun demie livre; racines de Coulevrée une livre : coupez les racines, & les pilez, & les mettez dans une Cornuë, & le sel & limaille : faites les infuser une nuict, puis distillez au feu de rouë jusques à ce qu'il ne sorte plus de fumée. Pour se servir de cette eau il faut faire dissoudre de la gomme Adragant dans de l'Eau rose ce qu'elle en pourra dissoudre : prenez une part de cette eau, & une part de l'eau distillée, & les faites un peu chauffer, & moüillez les cheveux avec des brosses, ou un petit pinceau, & laissez secher avant que de se peigner.

Autre maniere de teindre les cheveux en blond.

PRENEZ Estain de glace, Alun de roche, Vitriol Romain, Soufre jaune, de chacun une livre; Aloës epatique quatre onces, Safran une once, Cucurma deux onces : reduifez le tout en poudre, & le mettez dans une Cornuë, & diſtillez au feu de roüe. Prenez une livre de ladite eau, deux livres de vin blanc, miel blanc une livre; mettez le tout dans une phiole de verre, & l'expoſez au ſoleil par quarante jours, & l'agitez deux ou trois fois par jour. Pour ſe ſervir de cette eau il faut l'appliquer un peu chaude avec un pinceau.

Teinture pour faire le poil noir.

PRENEZ noix de Galle une livre, coupez-les par morceaux, & les faites boüillir dans de l'huile d'olives juſques à ce qu'elles ſoient tendres : faites-les ſecher, & les pilez tres-bien, & en faites poudre : meſlez avec partie égale de poudre de charbon de Sault une poignée, de ſel commun preparé & pilé une poignée; un peu d'écorces de Citrons & d'Oranges ſeichées & en poudre : Il faut faire boüillir le tout dans douze livres d'eau, juſques à ce que les drogues demeurent en conſiſtence d'on-

guent, duquel onguent on frottera les
cheveux, puis on les mettra sous le
bonnet pour les faire secher : quand ils
seront secs il faut se peigner. Cette teinture est excellente, & fortifie le cerveau ; les cheveux ne rougissent jamais : il faut en mettre une fois le
mois.

Paste pour teindre le poil en noir.

PRENEZ de la Chaux vive deux onces, éteignez-là dans de l'eau ce
ce qu'il en faudra pour la reduire en
poudre : incorporez avec ladite poudre de Chaux une once de Litarge d'argent bien lavée deux ou trois fois dans
de l'Eau-rose, & sechée : incorporez le
tout, & en faites paste. Il faut s'en frotter les cheveux le soir, & se peigner le
matin.

Lessive pour faire croistre & revenir les cheveux.

VOUS prendrez racines de vigne
blanche, racines de chanvre, &
trognons de choux tendres, de chacun
deux poignées : faites-les secher, puis

brufler, & des cendres faites-en leffive.
Avant que de fe laver la tefte de cette
leffive, il faut la frotter avec du miel,
& continuer l'un & l'autre trois jours
de fuite.

Pommade pour faire venir les cheveux.

PRENEZ graiffe de poule, huile de
chennevié, & miel, de chacune
quatre onces: faites fondre le tout dans
une terrine, & les incorporez enfemble
jufques à ce qu'ils foient en confiftence de pommade. Il fe faut frotter la
tefte huit jours de fuite de cette pommade.

Eau pour faire tomber le poil.

VOVS prendrez du polipode de
Chefne, que vous fendrez & couperez par morceaux, & le mettrez dans
une Cucurbite: verfez deffus du vin
blanc qu'il furpaffe d'un doigt; faites
digerer vingt-quatre heures au Bain,
puis diftillez à l'eau boüillante jufques
à ce qu'il ne monte plus rien. Il faut
tremper un linge dans cette eau, &

l'appliquer fur le lieu d'où l'on voudra faire tomber le poil, & l'y laiffer toute la nuit. Il faudra continuer jufques à ce qu'il foit tombé. L'eau de fueilles & racines de Celidoine diftillée, & appliquée comme deffus, fait le mefme effect.

Eau de Chaux pour le mefme effect.

L'E a v de Chaux vive diftillée opere plus promptement que les precedentes ; une feule fois fuffit, mais auffi elle eft plus violente. Prenez de la Chaux vive comme elle fort du fourneau, reduifez-la en poudre, & la mettez dans une Cornüe, que vous remplirez des trois parts, puis diftillerez au feu de roüe. On tire peu d'eau de cette operation. Il la faut appliquer avec une plume fur le lieu d'où l'on veut faire tomber le poil, & fe donner de garde d'en mettre ailleurs. Apres l'avoir mife il faut frotter le lieu avec de la pommade, ou avec de l'huile des quatre femences froides ; une feule fois fuffit.

Pommade pour oster la farine qui vient à la racine des cheveux.

PRENEZ graisse de porc demie livre, faites-la fondre dans une petite terrine : incorporez avec fleurs de Soufre , & Alun calciné , de chacun une once : faites jetter un boüillon , puis passez & exprimez. Il faut se frotter la teste de cette pommade deux ou trois fois , & laisser deux ou trois jours entredeux.

Eau pour faire friser les cheveux.

PRENEZ de la gomme Elemy une once , & la mettez tremper dans une livre d'Eau-rose , laquelle vous ferez boüillir un demy quart d'heure : quand elle sera froide il en faut humecter les cheveux , puis les mettre dans des papillottes, ou sous le bonnet.

F I N.

www.ingramcontent.com/pod-product-compliance
Lightning Source LLC
Chambersburg PA
CBHW071627270326
41928CB00010B/1807